未讀 生活家

未读之书，未经之旅

园艺
是最好的
亲子游戏

GARDENING LAB FOR KIDS
* by Renata Fossen Brown *

在家就能亲近自然的52个园艺实验

〔美〕 勒娜特·福森·布朗 著

王敏 译

北京联合出版公司
Beijing United Publishing Co.,Ltd.

UNIT
№ 01

* 园艺基础 *

从事园艺的益处

如果你正在翻阅这本书，那你已经感受到，放眼望去都是植物，是多么让人享受了。对这一点，我想应该不需要我们来说服你了。园艺是一个非常棒的爱好。除此之外，园艺还能给你的身体健康带来许多益处。在室外从事园艺是极佳的体能锻炼，因为在栽花种菜的过程中，你需要时不时地走路、下蹲、伸展四肢、举重、弯腰等。这些运动都能促进氧气流向肌肉和大脑，并能让你的幸福感和平静感大幅攀升。在户外劳动能让我们和大自然亲密接触，对那些难以集中精神的孩子尤其有益，已被证明具有显著成效。

* 植物的组成部分 *

一株植物有四个基本组成部分：根、茎、叶、花。想要种出健康的植物，首先你需要了解植物的各个组成部分是如何各司其职的。

根： 根的主要职责是固定植物，并吸收营养。植物的根能把植物固定在一个地方，同时它还能从土壤中吸收水分和营养物质。根会在土壤颗粒中生长蔓延，这就是为什么土壤不能过于紧实的原因。植物的根部需要水分，但是如果在很长的一段时间中，土壤一直非常潮湿，许多植物的根系就会开始腐烂、死亡。

茎： 植物的茎也有两大任务：运输和支撑。植物的根系所吸收的水分和营养物质，会通过植物的茎，输送到植物的其他各个部分中。植物通过光合作用在叶片中合成的糖分，会输送回植物的茎中，并通过植物的茎输送到植物的其他各个部分。植物的茎形态各异，有的垂直生长，有的水平生长，有的长在地下，有的长在地上。无论如何，它们都起着支撑植物叶片的作用。

叶： 叶片是一株植物中最重要的部分。这是植物发生光合作用的地方。水和营养物质，会与二氧化碳和阳光结合，产生化学反应，以糖的形式为植物提供营养物质。糖也能为这个星球上的一切生命体提供能量。当食草动物摄取了植物中的糖分后，就能继续生存下去。当食肉动物捕食食草动物后，食肉动物就吸收了食草动物体内的一部分能量，这样它才能生存下去，以此类推。

光合作用有两个非常棒的副产品，就是水和我们最喜欢的气体——氧气。这个星球上的绿叶越多，大气中被吸收的二氧化碳就越多，我们赖以呼吸的氧气就越多。这是一种双赢。

花： 除了具有赏心悦目的美丽外形之外，花朵也负责植物的繁殖。当一只蜜蜂为了采蜜飞到一朵花上时，它就沾染上了这种植物的一些花粉。然后这只蜜蜂为了寻找更多的花蜜，会飞到第二朵花上，这时第一朵花上的一些花粉，就会撒落在第二朵花上。第一朵花的花粉会渗透到第二朵花中，让第二朵花受精。一朵受精的花，会变成一颗果实。果实形成的目的，仅仅是为了保护生长在果实中的种子。这颗种子生根发芽，慢慢长大，然后就会开出新的花朵……一个物种就通过这样的方式生存繁衍、生生不息。

✳ 植物的耐寒耐热区位 ✳

在世界上不同的地区——美国的克利夫兰、英国的伦敦、美国的凤凰城、加拿大的艾伯特省——从事园艺，是完全不同的体验。如果你浏览一下全球耐寒区地图，你就能看出它们的主要区别。

当你购买植株时，许多植物的标签上都会列出该植物的耐寒区，它能告诉你，在你所在的地区，这种植物能否顺利度过寒冬，这种植物的耐寒能力有多强。这些区域自北向南已用从 1 开始的数字标出。如果你生活在 5 区，你可以栽种 1 区到 5 区的所有植物。如果你熟悉你们那儿的微气候（见实验室 20），你甚至可以尝试一下，植物标签上注明在 6 区或 7 区生长的植物。

＊ 一年生和多年生植物 ＊

一年生植物指的是那些在一年内完成一次生命周期的植物，这些植物每年都会经历一次从初生到死亡的轮回。在美国中西部，一年生植物包括：金盏花、百日菊、牵牛花、凤仙花，等等。我们熟悉的许多粮食作物，也属于一年生植物。许多一年生植物色彩浓艳、持久，并且容易养护，因此受到人们喜爱，但这些一年生植物每年都需要更换，这也是一笔不小的开销。

多年生植物指的是能够存活两年以上的植物。通常情况下，在提到"多年生植物"这个术语时，人们指的不是灌木也不是树木——因为灌木和树木通常都能存活两年以上。他们指的是紫松果菊和玉簪花这样的植物。许多多年生植物能够在有生之年持续生长，因此需要把它们分丛栽培。至于分丛的方法和次数，因具体植物而异，因此你把植物分丛前，需要先做一番调查。等你做完调查后，你会发现，分丛栽培能让你的园地中的植物数量大大增加，你还能把它们送给朋友和邻居。

* 关于浇水 *

在美国中西部，你栽种的植物通常的需水量是每周2.5厘米。如果大自然母亲没有为植物提供这些水分（见实验室9），那么你就该这么做。给你的园地浇水的最佳时间，是早上你起床之后。在浇水时，注意将水流对准植物的根基，尽量避免浇湿植物的叶片。要记住，负责吸收水分的是植物的根部，而不是植物的叶片。如果叶片总是潮湿的，就会滋生霉病或其他病害。当然，如果你对准根部浇水，还可以少用一些水。

* 怎样种植 *

如果你买的是种在塑料盆或塑料容器中的植物，那么在把它们种到你的园地中前，请多给它们一点儿爱心。刨一个比花盆略大一些的洞，铲去四面的泥土。这样做能帮助植物的根系向四周伸展开来。小心地从花盆中移出植株，有时候，你需要切开花盆，才能分离出植株。一旦把植物分离出来后，轻轻地把植株的根系分散开，这样它们就不会相互缠绕在一起。这样就能促进植物健康成长。轻轻地把植株放在洞的中央，把刨出的土壤重新填回去。将土壤按压紧实（但不要站上去），这样就能除去土壤中一些较大的空洞。在栽下植物后，好好给植株浇水，如有需要，在第一个生长季节中，可以多给植物浇一些水。

* 宠物和园艺 *

宠物是我们家庭中的一员，因此为了我们四条腿的朋友的安全和快乐，请对你的园地中栽种的植物，格外多加留意。许多植物对人类是安全的，但对小狗和小猫却有轻微的毒性甚至剧毒。山楂、紫杉、秋海棠、锦紫苏和菊花，只是其中一小部分。这些植物虽然非常常见，却要多加小心，不能让宠物靠近它们。我的院子中种着所有这些植物，但我家的几条狗却从来没有碰过它们。当宠物在院子里时，看着它们一点，确保它们不会误食会让它们生病（甚至更加糟糕）的东西。你家附近的宠物保健中心、中毒控制中心，或防止虐待动物中心，能给你提供一张这些植物的清单。

如果在小狗漫步的院子中从事园艺，最好不要和大自然作对。观察一下，你的小狗通常走的是哪条路线（通常它会沿着院子的边界走，或沿着篱笆走），因此不要在它会经过的地方栽种植物。既然狗狗很有可能会从那儿跑过，那么你为何要花时间、金钱和力气，把一棵美丽的植物种在那儿呢？

* 材料和工具 *

你无须花钱购买设备，就能栽培花木，这正是从事园艺的一大妙处。

衣服： 套上一件即使弄脏了也无所谓的衣服。我通过我的裤子、我的手还有我的头发有多脏，来判断我这一天在园地中过得有多精彩！

鞋子： 我穿橡胶花园木底鞋。穿上木底鞋，去打理园地，在一天结束的时候，把它冲洗干净。凉鞋和人字拖不够安全（那些小小的脚趾会被暴露在外），而且穿这些鞋子会沾上非常多的泥土，在你完工后，你需要花上半天时间，才能把你的双脚洗干净。

手套： 一双合手的手套能让你更方便地握住东西。买一副合适的手套，能用上很长时间。

贮水的容器： 在室外做园艺时，不要让自己脱水！用一个有盖的瓶子，防止泥土、虫子和叶片进入容器中污染饮用水。

泥铲： 你可以一直使用一把小型的、手持的铁铲。不要用廉价的泥铲，你很快就会把它折断。买一把有尖头（非圆头）的、牢固的铁铲。你可以试着弯曲手柄和铲刀相连接的地方，在店里当场检查铁铲是否牢固。我在园艺用品店中买了一把非常不错的、符合人体工程学的铲子。

老实说，这就是你需要的一切。

UNIT №02

* 热身活动 *

有时，人们会对园艺略感紧张。他们认为，从事园艺有不少的"规矩"，你必须照着规矩做。但其实这真是一堆无稽之谈。栽培花木能让你快乐，你应该听从自己的本能。如果在付出了辛勤的园艺劳动后，你的收获只是一些你一点儿都不喜欢的植物，甚至连它们的色彩都让你讨厌——而这仅仅是因为，你是遵循别人的"正确"园艺方法来做的，那么这将是多么不幸的事啊！

在初始的几个园艺实验室中，会让你学到一些基础的园艺栽培技术和园艺概念。但你要记住，你完全可以按照自己的喜好，做出一些改变。如果你刚刚开始从事园艺，这是你第一次栽培花木，那么这些实验都非常适合你，它们能帮你培育出附近小区中最茁壮、最美丽的花木。然而，这些活动只是少数几个样本。本书是以园艺设计为基础写成的，我们只是举出几种活动作为例子。但是，通过这几个小小的实验，你会对园艺有基本的了解，你能开始进行园艺实验，创造出属于你自己的、独一无二的花园。

塑料袋中的种子

* 材料 *

→ 三明治大小、可重新封口的塑料袋

→ 纸巾

→ 订书机和订书钉

→ 水

→ 4 颗已在水中浸泡过几个小时的利马豆种子

园艺从种子开始,而种子是有魔力的。这些小小的、坚硬的、似乎有点儿呆头呆脑的小家伙中,包含着整棵植物所需的全部能量和遗传信息,从这个不起眼儿的小家伙中,会长出胡萝卜、长出鲜花,甚至是一棵高达 60 米的红杉树。它们多么让人吃惊!看着它们长大,是一件非常有趣的事!

图1: 折叠纸巾,并将纸巾放入塑料袋中

* 开始实验 *

1. 将纸巾折叠成和塑料袋一样的大小,放入塑料袋中,纸巾的高度在 8 厘米左右(图1)。

2. 把三颗订书钉排成一行钉在塑料袋上,需要钉住塑料袋和纸巾两层,大约钉在纸巾下 2.5 厘米处。(图2)

图2：钉上三颗订书钉

图3：加水，并挤出纸巾上多余的水分

图4：把豆子放在塑料袋中

3. 把水灌入塑料袋中，要使纸巾完全浸润。挤出多余的水分。如果过于潮湿，种子就会腐烂。（图3）

4. 在每颗订书钉上放一颗种子，密封塑料袋。现在你还剩余一颗种子，用途参见下文"深入探索"部分。（图4）

5. 把塑料袋放在温暖的地方（能晒到阳光的窗台，是个不错的选择）。在刚开始发育时，种子并不需要阳光。但等到植物长出叶片后，它们需要通过阳光才能做出自己的食物。这样种子很快就会发芽，在10天以内，它们就会从塑料袋中长出来。（见上页中图）

✳ 深入探索 ✳
探索种皮和胚乳

➜ 如果你是在春天做这个实验，等种子发芽并从塑料袋中长出来后，你可以轻轻地把它们移栽到户外。首先完全打湿纸巾，非常小心地把根系从纸巾中移出来，确保移出的根系完好无损。

➜ 现在观察一下剩余的那颗种子。在浸泡过那些种子后，你很有可能会发现，种子的表皮不再和从前一样光滑、坚硬，而变得更加柔软、更加凹凸不平。裹在种子外面的那层物质称作种皮（也称作"外种皮"）。就像外套能为我们御寒一样，种皮能够保护里面的种子，让它不受水、害虫和其他东西的伤害。

➜ 种皮内的物质，包含植物萌芽生长起步阶段所需的全部能量，在植株进行光合作用（创造自己的食物）之前，这是它唯一能依靠的能量。这个部分叫作"胚乳"。如果你小心翼翼地剥去第四颗种子的种皮，把这颗剩下的种子一分为二，你会发现里面有一颗小小的植物，这就是植物的胚芽。

苗圃设计

* 材料 *

→ 浇水软管

→ 喷漆

→ 平头铁铲

设计苗圃的形状和面积并不难（"一个完美的方形！"或"曲线形、圆形、环形！"）。在规划苗圃的面积时，你可以考虑一下，为了养护这个苗圃，你愿意花费多少精力（大型苗圃可能需要你付出大量劳动）。还有，你将以何种方式进入苗圃中央？在设计苗圃的形状时，你别忘了，你是否需要割草机在这块区域工作，工作时，割草机能否在这块区域中掉头。在你开始挖土、栽种前，你可以用这个简单的方法，多尝试几种不同的形状和面积，看看哪种是你最喜欢的。

图 1：尝试各种可能的形状

* 开始实验 *

1. 展开浇水软管，把它弯成你所设计的苗圃的形状。（图1）

2. 你能否到达苗圃的中央？割草机能自如地沿着苗圃的边界工作吗？（图2）

3. 移动软管，创造出各种不同的形状和面积，直到你满意为止。如有必要，用喷漆标出苗圃的边界和形状。（图3）

图2：确保割草机能沿着苗圃的边界工作

图3：用喷漆标出苗圃的形状

图4：铲出苗圃的边界

4. 把铁铲放在软管的外围，并铲入土中。如果你需要除草，至少应该铲入地下10厘米深。重复这一过程，圈出苗圃的外围。（图4）

* 深入探索 *

你的苗圃能得到多少阳光？

如果没有别的东西（比如树木、房屋或者篱笆）遮挡住你的苗圃，你的苗圃就能全天沐浴在充足阳光下。但很有可能发生的情况是，总会有什么东西，在一天的某段时间中，挡住照射苗圃的阳光。在你选择栽种的对象时，请在需要"充足日照"（每日接收到6个小时以上的直射阳光）、"完全遮阴"（每日接收到的直射阳光不超过3小时）、"部分光照"（每日接收到3~6个小时的直射阳光）和"部分遮阴"（每日接收到2~4小时的直接光照）的植物中，做出正确的选择。

在春天播下种子

→ 地温表

→ 铁铲和锄头

→ 弓形铁耙

→ 60~90 厘米的铁管或木管

→ 生菜、菠菜或小萝卜的种子

早春，在土地暖和起来后，你可以种植"凉季"作物。"凉季"作物在凉爽的天气中长势最好，甚至能够忍受薄霜。每隔一周播下一些种子，这样你就能不断有收成。在你播种前，要确保土壤不是特别潮湿。捏起一把泥土，用手按压。如果泥土变成了一个小球，就说明土壤太潮湿了。如果泥土分散碎开，就正好。

||||||| * 开始实验 * |||||||

1. 在你选取的地点，把地温表放到土壤中。对早春作物来说，5.5℃是必需的。如果土壤的温度在 5.5℃或以上，你就可以播种了！（图1）

2. 松土，并用铲子或锄头把大块的土块弄碎。用弓形铁耙平整土壤的表面。（图2）

3. 这些种子需要种在 6~12 毫米深的土壤中。用铁管或木管压出平整的犁沟。把管子放在土壤上面，轻轻压下管子至合适的深度。（图3）

4. 在犁沟中播下种子，根据种子袋上的说明，在种子之间留下适当的间距，然后仔细地用泥土覆盖种子。（图4）

图 1：测量土壤的温度

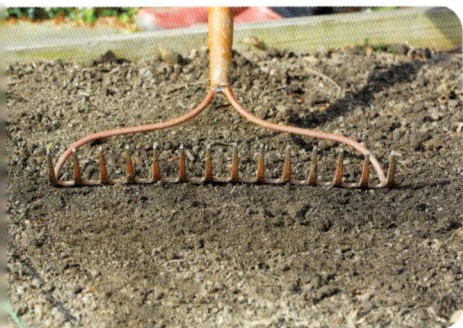

图2：松土

图3：在土壤中压出平整的犁沟

图4：按照6~12毫米的间距播下种子

5. 轻轻地给你的种子浇水。可以用喷雾瓶、喷水软管或洒水壶浇水。如果你对着新种下的种子猛冲，那么你精心种下的种子就会被水流冲散，你一定不想看到这样的情况发生吧！种子需要湿润的环境，因此你需要每天浇水，直到种子发芽。给秧苗浇水的时间，可以间隔得久一些，但你也需要每天察看，看看这些秧苗是否需要喝水了。密切注意你的种子，看着它发芽（开始长出嫩芽并生长）；再过三个星期左右的时间，你就能吃上小萝卜了。再过6~7个星期，生菜和菠菜也能吃了！这些新鲜蔬菜是多么可口啊！

✳ 深入探索 ✳

什么是传家宝种子？

→ 你听说过传家宝种子吗？当你听到"传家宝"这个词时，你也许会联想到那些值得保存的东西，比如奶奶的古董瓷盘，或者曾祖父最喜欢的灯具。这样的传家宝会代代相传。传家宝种子也是那么回事，值得你把它们保存下来，留到下一个季节。

→ 园艺中心或商店中出售的许多种子，都是杂交种子。为了利用某种植物特有的某一品质，人们挑选出两种不同的植物，进行人工授粉，这样生长出来的种子，就是杂交种子。如果你在季末收集的是杂交种子，那么它们也许无法发芽。就算发芽，也不会和你原来种在地上的植物长得一样。然而，从传家宝种子中长出的植株，会长成原来的形状，通常非常值得信赖、非常耐寒。很多时候，人们都更偏爱从传家宝种子中长出来的蔬菜，因为它们的味道更加纯正。

在蛋盒中孕育生命

* 材料 *

→ 记号笔

→ 放鸡蛋的纸板盒

→ 播种的混合土

→ 勺子或小泥铲

→ 种子：番茄、辣椒、甜椒，等等

→ 喷雾瓶

在室内培育幼苗，是一个省钱的好办法。因为一袋种子，要比一盆植物便宜多了。而且，这也是很棒的提早播下种子的方法，而不必苦苦等待天气变暖。在开始做这个实验前，在你的工作区铺上报纸，并集齐所有的材料。

图1: 在每个蛋格中填上土壤

|||||||||||||||| * 开始实验 * ||||||||||||||||

1. 用一支记号笔，在放鸡蛋的纸板盒的盒盖上，标出你将要在每个蛋格中栽种的植物的名称。用一把勺子或一把小泥铲，在每个凹槽中填满土壤。（图1）

2. 把种子埋在适合深度的土壤中（具体的深度可以参考种子袋上的说明）。（图2）

3. 用喷雾瓶给种子浇水。使用喷雾瓶，而不是那种大洒水壶，给你的种子浇上少许水，别让种子被水冲走。（图3）

图 2: 种下种子

图 3: 轻轻地给种子浇水

图 4: 给种子保温，每天察看其生长状况

4. 盖上盒盖，把它放在温暖的地方，每天察看你的种子。等到幼苗从土壤中冒出来后，打开盖子，确保幼苗能够得到充足的光照。如果你使用的是人造光源，应把幼苗放在距离光源 2.5~7.5 厘米的地方。当幼苗能够栽种到室外时，割开纸板盒。根据种子袋上提示的间距，把你的幼苗（包括蛋格和其他一切东西）放到土壤中。（图 4）

＊ 深入探索 ＊
开始在室内培育幼苗

→ 在种子发芽后，可以拿一把尺子，在每天早上测量幼苗的高度。你可以制作一个表格，记录下植株每天的生长情况。这些幼苗生长速度之快，一定会让你感到万分惊讶！

在终霜日前 6~10 周，在室内播下种子。你可以上网或在有关园艺书籍中，查找需要的信息。每个地区的终霜日期都不一样，所以你需要自己动手查询。你要查询一下，你们地区的春天最后一次降霜，通常是在什么时候。

→ 随着幼苗渐渐长高，逐渐让它们远离光源，使光只照在距离幼苗顶端 2.5~5 厘米的地方。如果你能把光源抬高，那就把光源抬高。如果光源无法移动，就把放鸡蛋的纸板盒放在几本书或几个盒子上，这样你就能逐渐地拿走那些书本和盒子，让植物逐渐地远离光源。

做一个便携园艺工具箱

能用几种好使的工具做一切事，便是园艺众多益处中的一项。在你忙着干活时，如果身边有个放置工具的工具箱，你能轻松地提着它到处走，那真是太方便了。你可以随心所欲地装饰这个园艺工具箱。

材料

→ 木板箱

→ 尺子

→ 油漆刷

→ 电钻和钻头

→ 外用漆

→ 16 毫米的编织尼龙绳

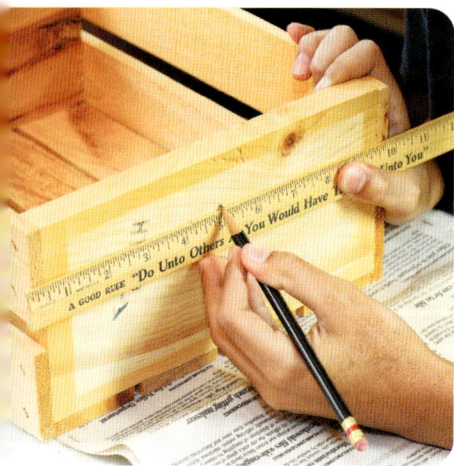

图1: 测量中点

开始实验

1. 在木板箱的两侧，从上往下量出2.5厘米。然后测出这一水平线的中点，用笔打上记号。(图1)

2. 在成年人的帮助下，用电钻在板条箱的两侧各钻出一个小孔，这个小洞是用来挂吊绳的。(图2)

3. 发挥创意，粉刷你的工具箱！让它自然风干。(图3)

4. 把绳子穿进板条箱的小孔中，并在两个端口打上两个紧紧的绳结。(图4)

5. 把你的园艺工具放在里面，方便保存和携带。

图 2: 在板条箱的两侧钻出小孔

图 3: 粉刷你的工具箱

图 4: 把绳子穿进小孔中并打结

深入探索

整理园艺工具

→ 好好养护你的工具! 每天,当你忙完后,应该清理并晾干工具,防止它们生锈。

→ 在每个生长季节结束的时候,在你"让你的苗圃休眠"的时候,你也应该让那些工具休息一下,好好度过冬天。对于泥铲、干草叉、锄头和泥刀,你需要用砂纸把木柄打磨光滑,然后在木柄上涂上亚麻籽油。你能在五金商店中找到亚麻籽油。用水和钢丝刷清洗金属刀刃部分,并彻底晾干。在刀刃部分涂上亚麻籽油,防止它生锈。

→ 至于修枝剪,要在每次使用后把它清洗并晾干。在每个生长季节结束的时候,把它们放在一旁,用亚麻籽油润滑刀锋,把它们储藏在干燥的场所。在需要使用修枝剪前,用铁锉刀把刀锋打磨锋利。

→ 拆除院子中的水管,进行清理。先拆下水管的一端,把水管高举过头顶,让管子中的积水从水管的另一端排出。慢慢地收拢水管,把它绕成圆圈。动作不要太快,不然水管中的积水就无法排放干净,积水就会在管子中冻住,让水管变脆甚至折断。

使用种子名录设计苗圃

* 材料 *

→ 附有彩图的植物或种子名录

→ 苗圃的轮廓草图

→ 剪刀

→ 胶水

图1: 剪下植物的图片

在你把植物种入土壤中之前，你可以先考虑一下，把它们分别种在苗圃中的哪个位置。通过这个实验，你也可以发现，你喜欢把哪些色彩和质地不同的植物排列在一起。在桌上腾出一块地方，作为工作区域，并铺上报纸。

|||||||||||||||||||||| * 开始实验 * ||||||||||||||||||||||

1. 从种子名录上剪下你喜欢的植物的图片。把植物的名称记在你的园艺速写本或园艺日志本（见实验室42）上，并记下各种植物将长到多高。（图1）

2. 把图片摆放在园艺速写本上。把比较高大的植物排列在比较矮小的植物后面，这样那些较高的植物就不会挡住照射其他植物的阳光。（图2）

图2：排列图片　　　　　　　　　　　　　图3：粘贴图片　　　　　　　　　　　　　图4：完成的设计图

3. 在对各种植物的摆放位置满意了后，用胶水把图片粘贴在特定的位置上。（图3）

4. 你可以把完成的作品，作为实地操作、在你的园地中栽种植物时的向导，或粘贴在某个地方供人欣赏。

深入探索

关于苗圃设计的几个小建议

→ 在设计一个苗圃时，人们通常把3棵或5棵（或是其他奇数）植物作为一个小组来栽种。同一组的3棵植物，不需要是同一种植物。可以是颜色相同的3种不同的植物。比如，如果你选择栽种黑眼苏珊花（花瓣是黄色的），你也许想要再选择两种黄色的植物，种在苗圃中的其他地方。我们采用奇数，是因为一般人们更喜欢奇数的东西——但要记住，如果你喜欢偶数，那就采用偶数！

→ 有件事你需要牢记：就算你只喜欢一种颜色，只想让苗圃中长满这种颜色的叶子和花朵，你也应该采用一些对比色的植物，让你的苗圃更加亮眼。因为只有在其他色彩的映衬下，才能突出那种你最喜欢的颜色。

自己动手做种子带

* 材料 *

→ 卫生纸

→ 尺子

→ 钢笔或记号笔

→ 1汤匙（7.8克）面粉

→ 水

→ 棉签

→ 种子袋

图1：测量并标出种子之间的间隔距离

你可以花上几十块钱，从花卉商店购买预制好的种子带，也可以花上几毛钱，用你家早就具备的一些材料，自己动手制作种子带。这都由你决定。无论如何，这是一种间隔栽种植物种子的有效方法，特别是如果你要播种的种子都很小的话。

* 开始实验 *

1. 在你的工作台上展开卫生纸，使其长度达到你播下全部种子所需要的长度。用一把卷尺量出每颗种子之间应该间隔的长度，用钢笔或记号笔在卫生纸上做出标记。（图1）

2. 用一点儿清水混合面粉，打成黏性的糊状物。你将使用这种糊状物，把种子粘贴到种子带上。（图2）

图 2：调制出用来把种子粘贴到纸上去的糊状物

图 3：把糊状物沾到纸上

图 4：把种子放在糊状物上

3. 将棉签蘸入糊状物中，把糊状物沾到卫生纸上的前面几个标记上。不要一下子把糊状物粘到所有的标记上，你一定不想在你把种子放上去之前，它就干透了。（图 3）

4. 在每一小团糊状物上小心地放上 1~2 颗种子，把种子粘在卫生纸上。（图 4）

5. 重复步骤 3 和步骤 4，直到全部完成，粘完所有种子后，把卫生纸晾干。然后把整条种子带埋到一定深度的土壤中，好好浇上水。（图 5）

图 5：埋下种子带

* 深入探索 *

种子带是一件很棒的礼物

→ 种子带是一件很棒的礼物，你可以把它送给你最喜欢的小园丁。做好几条粘有不同种子的纸带，在晾干后卷起纸带。把它们放在塑料袋中，然后放在冰箱中保存，直到你准备把它当作礼物送给别人。在每个塑料袋上写上种子的名称，并注明应该把种子带埋在多深的土壤中。

土壤渗漏性能

在你埋头挖土、播种、种植之前，事先了解一下土壤的排水情况，是很重要的。大多数植物都喜欢排水性能良好的土壤，但有的植物能长在像黏土一样的土壤中；也有的植物能够茁壮地成长在含沙多的土壤中。这个简单的实验能帮助你了解，在你脚下的土壤中，正在发生些什么。

图1: 挖一个坑

* 开始实验 *

1. 挖一个 30 厘米深、15 厘米宽的小坑。（图1）

2. 在小坑中灌满水，等水完全排干。（图2）

3. 把尺子插入洞中。再次把洞中灌满水，记下尺子上的刻度，开始计时。每过一分钟记下实时的水位。（图3）

4. 等水完全排干，记下花费的时间。

- 10 分钟以内：你的土壤排水很快。如果这里阳光充足，那就是个不错的种植香草的场所。
- 11~60 分钟：土壤的排水性能不错，适合大范围种植。
- 60 分钟以上：你的土壤排水很慢，可能含有大量的黏土。你可能需要再添加一些堆肥和沙子。

图2：在洞中灌满水，并等水排干

图3：把尺子插入洞中

深入探索
了解沙子、泥沙和黏土

土壤有三种基本成分：沙子、泥沙和黏土。这三种土壤成分的颗粒大小不同，各种不同的土壤中含有的沙子、泥沙和黏土的数量均不相同，比外土壤中还含有沙砾。如何记住各种土壤颗粒的大小呢？下面是一个好办法：

→ 想要成为一颗沙子，你可以尽量伸开双臂和双腿站立。水很容易从沙子中间渗透。

→ 想要成为一粒泥沙，你可以双手叉腰站着，双脚略微放拢一点。水仍然能在两粒泥沙之间通过，但相比困难了一点儿。

→ 想成为一粒黏土，你可以双手自然垂下，垂在身体两侧，并且并拢双脚。水很难从两颗黏土之间通过。

两颗沙子

两颗泥沙

两颗黏土

做一个雨量计

* 材料 *

→ 直筒的塑料水瓶或汽水瓶
→ 剪刀
→ 尺子
→ 胶带
→ 油性记号笔
→ 衣架

了解你的园地中的降雨量是多少，是非常重要的。因为这样你才能知道，你需要给你的植物浇多少水。一般情况下，园地中植物的需水量是每周 2.5 厘米，但如果园地中的植物是最近才种下的，或者，如果你的园地一天到晚都沐浴在阳光之下，那就是另外一回事了。不管怎么说，了解降雨量是有好处的。

图 1: 捏住并剪开瓶子

* 开始实验 *

1. 在"瓶肩"附近捏住瓶子向内按压，这样就能形成一块供你剪开瓶子的凹陷。用剪刀切入这块凹陷中，形成一个切口，把剪刀插入这个切口中，把整个瓶子剪开。（图1）

2. 用尺子测量瓶身（你需要每隔一小段距离就移动尺子）。每隔 2.5 厘米用记号笔做出标记，然后标上数字。（图2）

图 2: 标记瓶子

图 3: 把衣架弯成圈形

图 4: 测量并记录降雨量

3. 把衣架的下半部分弯曲成三个圆圈，一个重叠在另一个上面，做成放塑料瓶的托架，把瓶子放在里面。（图 3）

4. 用衣架的衣钩部分，把你的雨量器悬挂到一个篱笆或者别的室外器具上。确保在雨量器的上方没有遮挡雨水的东西，比如一棵树或车库的雨篷。测量雨水。在每次降雨后，记录下降雨量，并清空雨量器中的雨水。（图 4）

✳ 深入探索 ✳

为你的苗圃测量降雨量

→ 由于每个汽水瓶或水瓶的大小、形状都不一样，采用这种方法测量降雨量并不准确。如果想要准确地测量降雨量，你需要应用数学知识，测量容器的表面积和直径，然后以毫升为单位测量降雨量。使用上述方法制作的雨量器，能让你精确地比较上周的降雨量和下周的降雨量。你可以把这些信息记录在你的园艺日志本中（见实验室 42）。

→ 世界上降雨量最大的地方是夏威夷考艾岛上的怀厄莱阿莱山，该地区每年的平均降雨量超过 1143 厘米。

→ 通常情况下，一个苗圃需要的每周降雨量为 2.5 厘米。

做一个洒水器

→ 有盖的空塑料汽水瓶

→ 划针

→ 一个有水密装置的软管
接头

→ 一个水龙头接头

→ 一个连接水源的软水管

在夏季最炎热的时候，给你的园地额外多浇一些水，是非常有必要的。如果你的接雨桶（见实验室25）空了，或许你就该使用软管给植物浇水了。但为何不利用收集起来的废弃材料，自己动手做一个洒水器呢？

* 开始实验 *

1. 拧上瓶盖，用划针在瓶子的三个侧面戳满小孔。留下底下的一个侧面不要戳孔，这样你就不会仅仅淋湿瓶子下面的土壤了。（图1）

图 1：在瓶子的三面戳满小孔

图 2：连接水龙头接头

图 3：使用你的新洒水器

2. 把水龙头接头连接到瓶子上。（图 2）

3. 把软水管连接到洒水器上，把洒水器放在需要浇水的植物附近。

观察正在工作的洒水器，在 15~20 分钟后把它移到其他需要浇水的植物附近。（图 3）

深入探索
早起的鸟儿有虫吃

→ "这些鸟儿都是从哪儿来的呢？"那些以虫子为食的鸟儿，通常看到哪儿有洒水器，就会飞到哪儿。水流到地面上，并渗透到土壤中，就会挤走土壤中的空气。而泥土中的虫子呼吸的正是这些空气。当虫子感觉窒息时，它们就会钻到地表上，于是它们就成了这些长着羽毛的朋友的丰盛午餐。

→ 你有没有听说过"三伏天"这个词？人们常常说三伏天热得像狗；在北半球，从 7 月上旬到 8 月上旬，常常会出现一些非常炎热的日子，恰巧天狼星也会在这些日子中出现。

→ 使用洒水器是灌溉苗圃的一个好办法，尽管这并不是最有益于环境的办法。一个浸种软管耗费的水更少，它能直接将水输送到植物的根基附近。

种一棵树

→ 幼苗

→ 铲子

→ 一袋腐殖土
（约 0.02 立方米）

→ 一袋堆肥（约 0.02 立方米）

→ 连接水源的浇水软管

小提示：健康的树苗拥有亮晶晶、脆生生的树叶，树叶上没有虫洞或其他长虫的迹象，树干和树皮上也不应有受到损伤的痕迹。如果你能看到树苗的根须，它们应该是长长的、向下伸展的，而不是在容器中缠绕成一大堆。嗅一嗅树根的气味，植物的根部应该散发出清新的泥土味，而不是腐烂或臭烘烘的味道。

有人说，"种树的黄金时间是 20 年前，第二个黄金时间就是今天。" 我喜欢这句话。我喜欢种树。种树给人带来希望，非常地美好——你知道，这株美丽的小生命会渐渐长大，变得茁壮，在炎夏给你遮阴，在秋天给你带来炫目的色彩，还能给松鼠一个可以蹿上蹿下、自由活动的美好家园。

树木除了能够美化环境外，还能在冬天保护你的房屋，防止大风吹入屋内，让你的屋子变得更加暖和，从而为你节约暖气费；而在夏天，树木能给房屋遮阴，给你省下大笔的空调费。你还在等什么呢？

* 开始实验 *

1. 前往一家信誉良好的园艺商店，挑选一棵健康的树苗。确保树苗的根系、枝干和叶片上不存在病害和损伤。（图 1）

2. 在你选定的栽树地点，挖一个深度和树苗根球的高度相等、宽度为深度的 3~4 倍的坑。使树坑的四周呈斜坡形，并弄得粗糙一点，让根系能顺利伸展、生长。（图 2）

3. 轻轻移出容器中的树苗。你必须把树苗放倒，才能把它移出来。不要用力地把树干从容器中

图 1：检查你挑选的树苗是否健康

图 2：挖一个树坑

图 3：移出树苗

图 4：把树苗放在坑的中央

拔出来。你也许需要把容器剖开，可以让一个成年人帮你。（图 3）

4. 把树苗放在树坑的中央，使根垛（树干底部逐渐变粗形成根须的地方）和地面平齐。你也许需要往树坑中填上一些泥土，为树苗提供一个基座，从而让根垛和地面齐平。（图 4）

5. 在树坑中回填挖出来的土壤，并添上腐殖土和堆肥。用力踩实树苗根系上方的土壤，以防产生大的空气气泡。（图 5）

6. 把浇水软管放在树坑边，打开水龙头放水，把水量调小一些，灌溉这棵新种下的小树苗。新生植物一般不会浇水过度。你可以

图 5：回填树坑

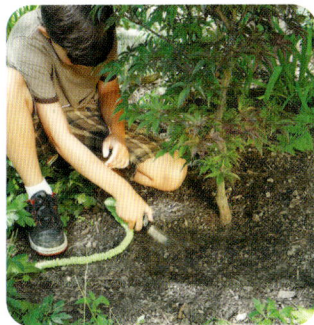
图 6：每周给你的树苗浇水

每周浇一次水，除非你们那儿的确每周都有大量降雨。（图 6）

深入探索

不要让护根物"火山喷发"

→ 把护根物直接覆盖在树苗的根部，一直堆到树干上，谁知道这种错误的方法是什么时候想出来的？这是把一棵树弄死的最快办法。像这样给树木护根，让水分滞留在树干部分，会引起真菌滋长，让树根窒息，于是那些树根开始向上生长，为了得到水分和空气，它们伸展到了护根物中。等护根物干燥后，这些根系也就枯死了。

→ 给新种植的树苗护根的最佳方法是：覆盖 5~7.6 厘米深，且只覆盖到树木的滴水线周围，雨水会直接从枝干上滴落到这块区域附近的土地上。

UNIT № 03

* 主题园地 *

主题园地是一种有创意的苗圃设计方法，主题园地中的一切，都和某个特定的主题有关。你一定见过菜园，菜园就是这样一种主题园地。菜园中生长的都是蔬菜。你可以选择任一主题：一种颜色、一种植物、一个地理位置、名称古怪的植物——什么主题都可以！除了本章中列出的一些主题园地，你还可以尝试一下下面这些主题园地，除了这些，你还能想到别的主题吗？

→　耐阴园地（园地中的每种植物都只能在遮阴处生长）

→　黄色园地（园地中的每种植物都长着黄色的叶片或花朵）

→　"D"园地（园地中的每种植物的名称都以字母"D"开头）

→　厨房园地（园地中的每种植物都能用于烹饪）

→　魔力园地（园地中的每种植物都曾被认为拥有某种魔力——这个听上去挺有趣的吧？）

蝴蝶园地

* 材料 *

→ 一个阳光明媚的地方

→ 蝴蝶指南书或著名的蝴蝶
网站

→ 寄主植物和蜜源植物

→ 泥铲

→ 小黏土碟子

→ 一把沙子

蝴蝶有一个很酷的生命周期，每种蝴蝶都必须依赖特定的植物，才能生存。
为了让蝴蝶能在你的园地中翩翩起舞，你需要给它们提供蜜源植物（让蝴蝶能采蜜）和寄主植物（让蝴蝶的幼虫能以这种植物为食）。你也需要接受这个事实：一个彩蝶翩翩的蝴蝶园地中，一定会有一些饥肠辘辘的毛毛虫，把你的一部分植物啃个精光！

||||||||||||||||| * 开始实验 * |||||||||||||||||

1. 浏览蝴蝶指南书或上网查询，找到你想要吸引到你的园地中的蝴蝶。你可以选择那些在你们地区比较常见的蝴蝶。列一个有三栏的表格：在第一栏中写下这种蝴蝶的名称，在第二栏中列出这种蝴蝶的寄主植物，在第三栏中列出这种蝴蝶的蜜源植物。（图1）

2. 按照你列出的蝴蝶园地的植物列表，收集常见的寄主或蜜源植物。看看你的朋友们和邻居们那儿是否有你想要的植物，或者去买一些回来！（图2）

3. 把你的蝴蝶园地布置在一个阳光充足、温暖避风的地方。建筑物的南面是很不错的选择哦。（图3）

图4：把一个黏土碟子放在你的蝴蝶园地中，在里面添上一些沙子和食盐，并注满清水。蝴蝶喜欢水，这给它们提供了一个"玩水"的好地方，能吸引更多的蝴蝶造访你的园地。

图1：研究蝴蝶的种类

图2：找到你清单上列出的那些能够吸引蝴蝶的植物　　　图3：栽培你的蝴蝶园地　　　图4：在园地中放一个碟子吸引蝴蝶

＊深入探索＊

你了解蝴蝶吗？

→ 每种蝴蝶都有自己特定的蜜源植物。比如，东虎燕尾蝶偏爱蓝花半边莲，而黑燕尾蝶却对蓝花半边莲不闻不问，它们的最爱是斑茎泽兰。

→ 蝴蝶产卵前，会按照自己的喜好，把卵产在特定的寄主植物上。还是以这两种蝴蝶为例，东虎燕尾蝶爱在各种不同的树木上产卵，而黑燕尾蝶却对各种不同的香草植物情有独钟，比如莳萝或欧芹。

→ 蝴蝶需要寻找特定植物产卵的原因是，在孵出毛毛虫后，毛毛虫需要开始吃东西。不同类型的毛毛虫只吃特定种类的植物。如果蝴蝶把卵产在错误的植株上了，那么等毛毛虫孵化出来后，它们就没有东西吃了，只能活活饿死。

仙女园地

* 材料 *

→ 超小的天然材料，比如小松果、小贝壳、小木棍、小树皮、小树叶、小坚果和橡子，还有松针

→ 耐风化的硅树脂，或室内 / 室外快速凝固树胶

→ 泥铲

→ 小植物（比如溪姑草、车叶草、苔藓、雪灵芝、香雪球、微型蕨类植物。除了这些小型植物外，还可以找找那些开小野花的植物。如果你想用灌木或矮树丛，那么一些矮小的品种可能会更适合）

→ 迷你型小摆设或小玩意儿（比如家具、动物、工具，等等）

仙女是生活在我们的园地中的一些微型生物，她们密切观察着周围的一切。你一定想在你的园地中创造出一个美丽的地方，给园地中的仙女居住！搜集所有的材料，在你的园地中找到一块小小的、隐秘的地带，只有你和园地中的仙女知道那是什么地方，别给大家都看到了。

* 开始实验 *

1. 在你选定的空间的后半区域，选择仙女小屋的所在地。清理出一块 30 厘米见方的空地。平整仙女小屋下面的土壤后，你就能搭建仙女小屋了。（图 1）

图1：挑选并清理出一片空地

图2：制作仙女小屋

图3：栽下植物，并浇水

2. 使用天然材料搭建仙女小屋。用树皮或者同等牢固的材料，制作仙女小屋的框架。用硅树脂或树胶把小屋的各个部分粘贴在一起。如有需要，固定好各个部分，并让它自然晾干。（图2）

3. 把一些植物种在你认为合适的地方。在它们的根部浇上水。添上一些小摆设和小玩意儿。向后退一步，欣赏一下你的最新劳动成果。仙女们很快会住进来的！（图3）

深入探索

吸引仙女到你的园地中

→ 为了吸引最美丽的仙女，让她搬到你给她建的新家，你可以研究一下，了解一下哪些植物和香草拥有正能量，能够吸引仙女——比如罗勒代表真诚祝福，百里香代表勇气，鼠尾草代表智慧。你可以在仙女小屋附近栽种这些植物，也可以把这些植物的叶片撒在仙女小屋的周围。

→ 为了收集建造仙女小屋所需要的材料，你也可以开展一个寻宝游戏。在树林里远足一番，看看你能找到什么宝贝！

一起来打球！

* 材料 *

→ 一个户外圆形花盆，大约 35 厘米高，顶端 45 厘米宽

→ 盆栽土（能填满所选的花盆）

→ 3~4 种高大的一年生植物，其花朵的颜色和你最喜欢的球队的代表色相同

→ 管道胶带或其他的加强型胶带

→ 球拍和球，塑料的最佳

→ 90 厘米长的细木棍

→ 有机硅黏合剂

→ 永久粘着的字母

把园艺和运动绑定在一起？当然可以了，为什么不呢？想支持你最喜欢的球队吗？这绝对是一个好办法。

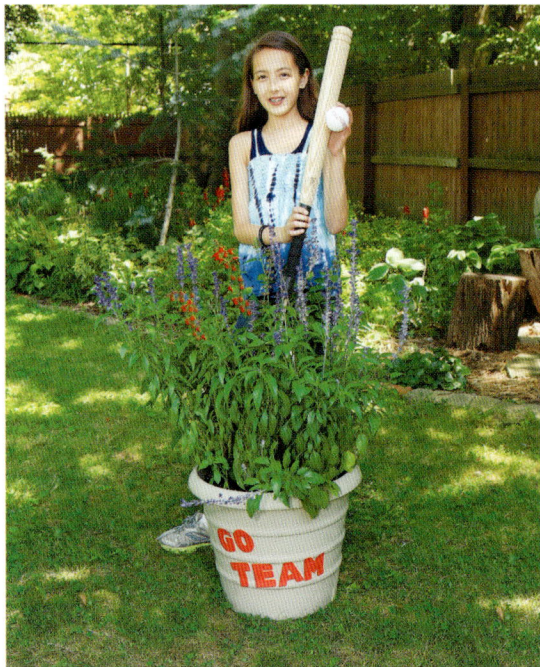

|||||| * 开始实验 * ||||||

1. 在花盆中填上约占花盆 3/4 的土壤，准备好能够栽满这个花盆的植物。将这些一年生植物从各自的花盆中移出，将它们栽种在土壤中，并给它们浇水。（图 1）

2. 用管道胶带将球拍固定在木棍上。将胶带缠绕在球拍上最细的地方——就是挥舞球拍接球时手握住的地方。（图 2）

3. 用硅胶把球粘在球拍上。等待一天，让硅胶干透。（图 3）

4. 在花盆边，用永久粘着的字母（选用你球队的代表色）拼出"加油，球队！"的字样。把球拍和球陈列在花盆后面。（图 4）

图1：栽种一年生植物并给它们浇水

图2：将球拍固定在木棍上

图3：把球粘在球拍上

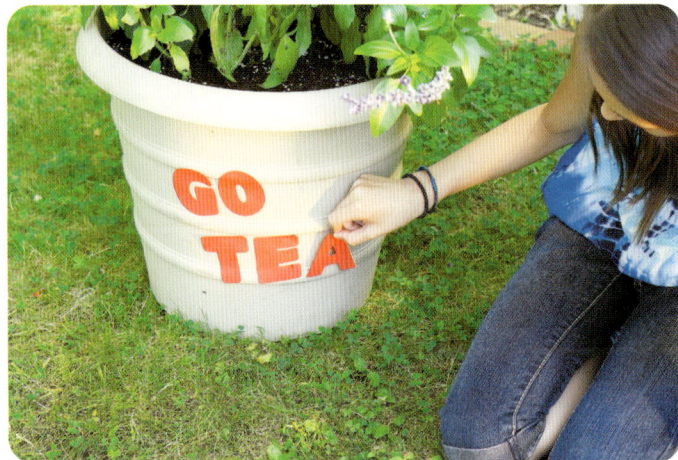

图4：在花盆上拼出"加油，球队"的字样

深入探索

团队精神

→ 用你们学校的代表色，或你最喜欢的大学的代表色，创建出其他能带来运动灵感的花盆。

鞋子园地

→ 一些能够在里面填充土壤的旧鞋子（高帮运动鞋和靴子最佳）

→ 划针

→ 土壤

→ 各种一年生植物

一切能盛放土壤的东西，都能用来栽花种草。重新使用旧鞋子，是变废为宝、循环利用的极佳典范，而且非常有创意。

* 开始实验 *

1. 用划针在鞋子底部戳几个排水孔。根据鞋子的大小，你只需戳上 3~4 个排水孔就可以了。（图1）

2. 在鞋子中填上土壤，记得为你的一年生植物留下一点空间。（图2）

3. 从托盘中移出小植株，轻轻地把根系分开一点，以促进植株的生长（见第16页）。将植株种在鞋中的土壤里，并把周围的土壤按压紧实。在根系周围添加土壤。给每棵小植物浇上水。把你的鞋地摆放在邻居们都能看到的地方。（图3）

图 1：在鞋子上戳排水孔

图 2：在每双鞋子中填上土壤

图 3：在鞋中栽上小植物

深入探索
窗台花盆之外

→ 世界上最能给你的鞋子园地带来灵感的地方，就是克利夫兰植物园的好时儿童乐园。在这个美丽神奇的地方，有一个拾荒者花园，这里所有栽培植物的容器，都是四处找来的废旧物品，你随时随地都有可能会看到一个栽满三色堇的档案柜，一个盛开着天竺葵的旧马桶，一个长满白烛葵的多功能水池，或是一个开满金盏菊的手提袋。这个地方把循环再利用发挥到了极致，能让你灵感闪现，想出用家中闲置的废旧物品栽花种草的妙主意。

热带走廊

* 材料 *

→ 大花盆

→ 土壤

→ 泥铲

→ 中型热带植物（棕榈植物很不错）

→ 小型一年生植物

即便是那些无法拥有庭院的都市一族，也能拥有自己的小花园。使用瓦盆或其他的容器，能让你在狭小的空间中培育花木。花盆中央的热带盆栽，能在第二年继续使用。如果你生活的地方气温低于10℃，请把花盆放在室内。

* 开始实验 *

1. 在花盆中添加土壤，使土壤略高于整个花盆的一半。（图1）

2. 将热带植物种在花盆中央。在把一年生植物种到土壤中前，先试着把它们摆放在泥土上，看看怎样摆放最美观，直到你满意为止。（图2）

3. 把植物种在你认为合适的位置。在它们的根部浇水。（图3）

图 1: 在花盆中添加土壤

图 2: 在种植小植物前，先设计好它们的摆放位置

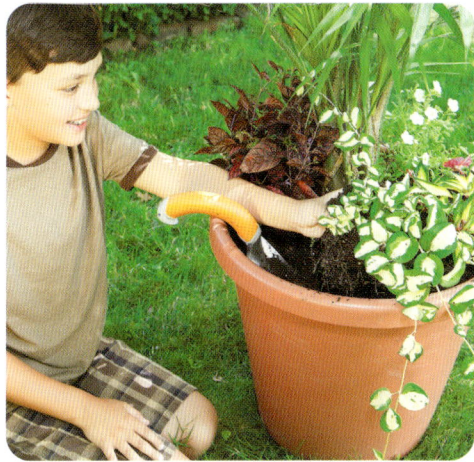
图 3: 种下小植物并浇水

深入探索

花盆栽植

→ 如果把花草种在花盆中，花草就无法像直接种在地上一样，得到泥地的缓冲式保护。种在花盆中的植物更容易遭受忽冷忽热的极端温度的影响，过度的潮湿或干旱也无法及时得到缓解。因此，你可以暂时性地使用这些花盆，在每年春天进行翻新。根据你所在地区的环境，你当然也能在花盆中栽种多年生植物和灌木，但你要知道，它们常常活不过第一年。

桌面色轮

→ 纸、蜡笔或彩色铅笔

→ 放在桌面上的浅口容器（20 厘米深、48 厘米宽）

→ 土壤

→ 6 种颜色的一年生植物

色轮展现的是各种颜色之间的关系。

* 开始实验 *

1. 画下六个圆圈，并使之形成一个圆圈，依次给它们上色：红色、橙黄、黄色、绿色、蓝色、紫色。调查研究一下，哪些植物开出的花朵是这些颜色的，并在相应的圆圈中写下这种植物的名称。接着我们就去大采购！（图 1）

2. 在浅口容器中装满上好的盆栽土。将植物从原来的花盆中移出，并把植物的根须弄松。（图 2）

图1: 做自己的色轮

图2: 在容器中放上土壤

图3: 栽下植物并浇水

3. 按照色轮上列出的顺序，把这些一年生植物栽种在花盆中。
让它们好好喝一点儿水，然后把浅口容器放在桌子中央。（图3）

* 深入探索 *

通过园艺学习色彩

→ 在色轮中，红、黄、蓝三原色之间的间距是相等的。把它们中的任意两种颜色相混合，就形成了紫色、橙黄和绿色这三种次生色。

→ 在园艺设计中，常常会把色轮上相对的两个颜色搭配在一起。比如，紫色和黄色、蓝色与橙黄、红色和绿色都是对比鲜明的互补色。把它们搭配在一起，色彩更加鲜艳夺目。

→ 色轮上相邻的颜色叫作调和的色彩组合，把拥有这些颜色的花朵种植在一起，能给人带来宁静、平和的感觉。蓝色或绿色、橙黄和红色搭配在一起都很漂亮。

→ 色彩也可以分成暖色和冷色。你知道哪些是冷色、哪些是暖色吗？

迷你比萨园

* 材料 *

→ 2根棍子或竿子（1根长竿，1根短棍）

→ 细绳（长度需要超过60厘米）

→ 各种植物：西红柿、灯笼椒、洋葱、罗勒、牛至

→ 泥铲

→ 作为缘饰的护根物

谁不喜欢比萨呢？如果把这么美味的食物和园艺结合起来，那就太棒了。我们在这里设计并培育了一个比萨园，它能给你提供新鲜的烹饪材料，让你轻松做出美味的比萨。

* 开始实验 *

1. 在一块地面（即未来的比萨园所在地）的中央，插上较长的那根竿子。把细绳捆在长竿上，要捆在靠近地面的地方。把较短的那根木棍连接在细绳的另一头。拖动木棍，在土壤中画出一个圆圈。这就是你的比萨园的外围。（图1）

2. 把这块圆形区域分成四个面积相等的种植区域。（图2）

图1：画出比萨园的外围

图2：把圆形区域分成四"片"

图3：在每年合适的季节，分别种下不同的植株

3. 在早春时节，在比萨园的正中央种下洋葱种子。在晚春／初夏，种下西红柿、辣椒、罗勒和牛至。用木桩固定西红柿植株，防止植株倒下。你可以自己制作一个番茄支架，或从商店中买一个。（图3）

4. 在比萨园的四周加上护根物，它们代表着比萨皮。记得给比萨园浇水，然后你就能在夏末获得丰收。（见上页中的图片）

＊深入探索＊

嗯……比萨！

→ 比萨是一种发源于意大利的美食，已经有好几百年的历史。它主要是工人阶层的食物。工人们会把一些食材放在一片面饼上，烘烤加上料的面饼，然后用手拿着面饼，把它快速吃完，然后就回去干活。当一些意大利人移民到美国后，他们也把这一发明带到了美国。美国人很喜欢这种面饼的色香味，于是他们就这样爱上了比萨饼。

→ 比萨饼未必一定不健康！我们能从烹饪过的西红柿中吸收更多的茄红素。茄红素能让你拥有很棒的视力！

莎莎园地

* 材料 *

→ 1 块海绵洗碗布

→ 剪刀

→ 3 个中到大型花盆。

→ 涂料：红、绿、白、黄

→ 盆栽土

→ 植物：西红柿、灯笼椒、墨西哥胡椒（或者更辣的辣椒）、香菜

新鲜的莎莎酱很容易做，也很美味。如果你能自己栽种莎莎酱的食材，那就更棒了。根据以下提示，装点你的花盆。把西红柿、灯笼椒、辣椒种在不同的花盆中。把香菜种在辣椒旁边，给植物好好浇水。

IIIIIIIIIIIIIII * 开始实验 * IIIIIIIIIIIIIII

1. 从海绵洗碗布中，剪下三块边长为 2.5 厘米的正方形海绵，以及一块三角形海绵。用正方形海绵蘸上颜料，给花盆涂上红色、绿色和白色的小方块。这些小方块分别代表着西红柿、辣椒和洋葱，它们都是莎莎酱中会用到的食材。（图 1）

2. 用那块三角形的海绵，在花盆上涂上黄色的小三角。它代表的是墨西哥玉米片。（图 2）

3. 在花盆中倒上优质的混合土，并把花盆放在阳光充足的地方。（图 3）

图 1: 用红色、绿色和白色的小方块装饰花盆

图 2: 涂上黄色的小三角

图 3: 在花盆中倒上土壤

深入探索

做莎莎酱

配料:

西红柿	盐
大蒜	黑胡椒
灯笼椒	酸橙汁
红辣椒	橄榄油
洋葱	香菜

制作方法:

将两只西红柿、一瓣大蒜、半只灯笼椒、一只小辣椒、半个洋葱剁碎,拌在一起。添上盐和胡椒。洒上一点儿酸橙汁和橄榄油。把一大束香菜切碎,把所有的东西都拌在一起。将它们放入冰箱中,然后至少等上 4 个小时,让不同的口味能充分混合在一起。尝一下莎莎酱的味道,然后再添上更多的食材,直到调制出你所喜欢的口味。

→ 你知道辣椒有个"辣度等级单位"吗?它的名称是史高维尔辣度单位,是威尔伯·史高维尔在 1912 年发明的,它是一个衡量各种辣椒的辣椒素含量(从最温和到最辣)的指标。根据这个辣度评级系统,一个甜灯笼椒的辣度是 0,而世界第一辣——特立尼达莫鲁加毒蝎椒的辣度是 1 200 000~2 000 000 个史高维尔单位。墨西哥胡椒的辣度在 3500~8000 史高维尔单位之间,而墨西哥卡宴辣椒的辣度为 30 000~50 000 史高维尔单位。

→ 辣椒有多辣,是由辣椒中含有的辣椒素决定的。如果你的皮肤、口腔和眼睛接触到辣椒素,就会产生一种灼烧感。

59

香草螺旋体

→ 50 到 60 块砖头

→ 土壤、碎石、沙子

→ 栽培在香草螺旋体中的香草：鼠尾草、迷迭香、洋甘菊、茴香、牛至、百里香、罗勒、欧芹

采用香草螺旋体，能在很小一块空间中培植出大量香草，而且非常有创意。香草植物喜欢阳光，所以请把香草螺旋体搭建在阳光充足的地方。此外，你一定想用这些香草作为食材，因此请你把它搭建在离你的房屋不远的地方，这样你就能随时过来采摘一把。

图1：铺好纸板和报纸

* 开始实验 *

1. 如果你准备把香草螺旋体搭建在草地上，首先在草地上铺上一层纸板和报纸，用以抑制下面的野草。纸板和报纸会随着时间的推移而分解腐烂。你可以使用旧纸板箱的纸板，但不要使用报纸中那些光面纸。（图1）

2. 开始搭螺旋体：在纸板和报纸上，把砖头首尾相连、略微曲折，把砖头搭成直径约为90厘米的圈形。（图2）

3. 在这些砖头上继续叠放砖头，同时顺手添上一些碎石和沙子，这些碎石和沙子能够帮助固定砖头，同时它们也能起到排水的作用。（图3）

图 2: 把砖头搭成螺旋形

图 3: 添上碎石和沙子

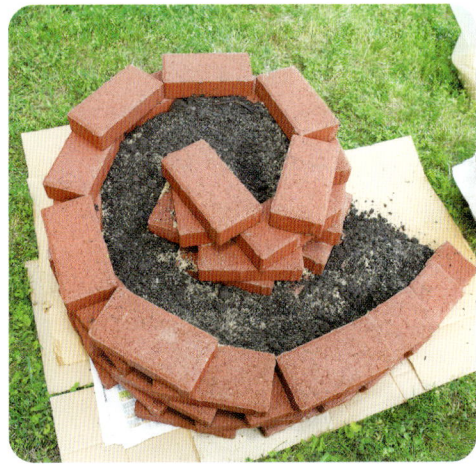
图 4: 倒上混了沙子的土壤

4. 搭好砖头后，在砖头之间倒上栽培香草用的土壤。在土壤中混合一些沙子，能让土壤的排水性能更佳。排列香草，直到其摆放位置让你满意（参见下文）。从花盆中移出这些你要种植的香草，把它们的根系分散开一点儿，然后把它们插到土壤中。

你需要再倒上一些土壤，遮住香草的根系，并给它们浇水。你也可以修去露出在砖头外的纸板和报纸。如果你决定这样做，你需要用一把多功能刀，小心地割去多余的纸板和报纸。（图 4）

深入探索
适合你的香草的微气候

→ 许多香草都需要每天 8~10 小时的光照，但有些可以接受较短时间的光照。把这些香草栽种在香草螺旋体的北面，这样挡在它们前面的植物就能为它们遮阴。
这些香草包括：欧芹、百里香、莳萝、茴香、细香葱。

→ 微气候指的是，一小片苗圃比周围的大多数地方更冷或更热。通过为苗圃挡风或在朝南的建筑物南面种植（建筑物在白天吸收了更多的热量）等，我们可以为我们的香草创造出特殊的微气候。朝南的一面通常会比朝北的一面暖和一些。砖头能在白天吸收热量，并在晚上散发热量。

土豆轮胎塔

* 材料 *

→ 4 个旧轮胎（小提示：在轮胎侧面戳几个小孔，这样能排水并防止蚊虫滋生）

→ 室内 / 室外白色底漆 / 涂料

→ 彩色外用漆

→ 油漆刷

→ 大量土壤

→ 种用马铃薯

图 1: 给轮胎上色

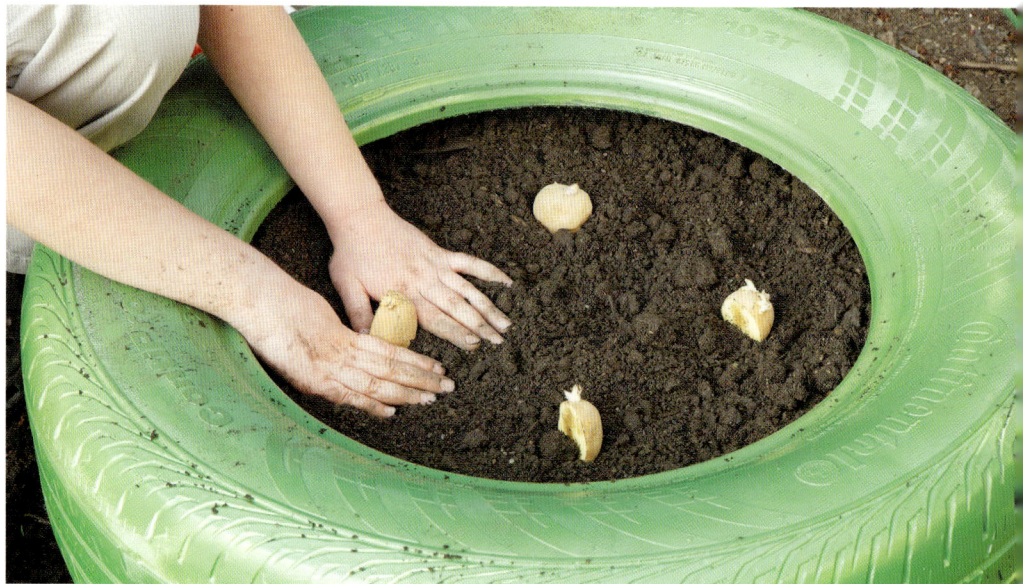

旧轮胎有碍观瞻、威胁健康，还会滋生蚊虫。为什么不废物利用，用它做一个完美的土豆农场呢？只要种下一个土豆中的几个含有芽眼的小块，你就能在秋天收获几十个土豆了！

||||||||||||||| * 开始实验 * |||||||||||||||||

1. 除去轮胎中的尘土，遵照提示涂上底漆并晾干。等底漆干了后，你可以自由发挥创意，给轮胎上色。让轮胎干燥一个晚上。（图1）

2. 把第一个轮胎放在你所选择的地点，在轮胎中填满泥土。（图2）

3. 确保每块土豆上都有 1~2 个芽眼。这些芽眼能在生长季中长出土豆。把土豆块放在土壤中，

图2：在各个轮胎中填满泥土

图3：在生长季中，不断添加轮胎和泥土

图4：挖开土壤，收获土豆

注意要让芽眼朝上。再用5~7.5厘米高的土壤层覆盖它们，然后浇水。（见上页中图）

4. 在土豆植株长到15~20厘米高时，把第二个轮胎重叠在第一个轮胎上，并添加土壤。这样，你看到的土豆植株，始终只有5~10厘米高。在整个生长季中，每过一段时间，重复这一步骤，不断添加新的轮胎。（图3）

5. 秋季，在土豆的叶片枯死两周后，挪开轮胎，挖开土壤，收获你的土豆！（图4）

深入探索
关于土豆的小秘密

→ 土豆起源于南美洲，土豆中的钾含量，比香蕉中的钾含量还要多。

→ 我们食用的是土豆的块茎，块茎其实是一种肥大的地下茎。

→ 土豆和西红柿其实颇有渊源。不然为何它俩的英文发音如此相似？

→ 史上最大的土豆有3.175千克重，是一个当之无愧的超大土豆。

UNIT № 04

* 绿色园艺 *

你一定认为，一切园艺都是"绿色"的、环保的，对不对？大多数园艺的确如此。无论何时，当你种下一棵树，或者把废弃物做成堆肥而不是直接扔掉时，毫无疑问，你是在做有益于环境的好事。如果你对野生植物有所了解，并允许它们在你的苗圃中生长，你就促进了生物多样性。另外，学会收集和使用雨水，也有利于节约自然资源。

有些人坚信，想要拥有一个漂亮、繁盛的花园，就必须使用大量人造肥料——尽管其中可能含有一些危险的化学物质，并要使用许多杀虫剂。这其实是完全错误的。就算不使用化学物质——并且绝对不使用杀虫剂，你也照样能拥有一个美丽亮眼、欣欣向荣的花园。不在你的院子中使用那些危险的肥料和杀虫剂，不仅更有利于你的身体健康和生态环境的健康，而且还能降低园艺的成本。

传粉动物的宫殿

* 材料 *

→ 建筑用砖（有孔）

→ 3 块大约 30 厘米见方的小钉板

→ 大量 30 厘米左右长的木棍、树枝

→ 30 厘米长的竹竿或其他空心木棍

传粉动物指所有能把花粉从一棵植物的花传播到另一棵植物的花上的生物，包括昆虫、飞鸟、蜘蛛、蝙蝠甚至人类。在这个实验中，我们只关注那些有 6 条或者 6 条以上腿的传粉动物。理想的实验地应该能照射到一定的阳光，也能得到部分的遮阴，远离喧闹、不受打扰，并且附近有一些植物。

||||||||||| * 开始实验 * |||||||||||||||

1. 在你所选中的地点，竖起两块砖头，然后把小钉板铺在砖头上。重复这一步骤，层层叠放好剩下的砖块和钉板，在最上面铺上一块钉板。（图1）

图 1：叠放钉板和砖块　　　　　　　　　　图 2：确保所有的填充材料都已塞紧　　　　　　　　图 3：搭建屋顶

2. 在两块砖头中间放入较大的枝条，然后把小木棍、小树枝和小竹条塞在大枝条之间。把这些枝条、树枝、木棍塞紧，别让它们有移动的空间。（图 2）

3. 搭建好宫殿的屋顶，防止大量雨水流入宫殿中：在宫殿的屋顶上再放上一些树枝，或者发挥你的创意，在上面堆放一些排水瓦管、瓦片、砖头或更多的树枝。然后向后退一步，静静等待传粉动物们光临，到这个宫殿中安家！（图 3）

＊深入探索＊
有益的传粉动物

→ 全世界有 100 种左右的庄稼，都要依靠昆虫或其他的传粉动物传播花粉。如果没有它们，我们就没有食物来源了。

→ 2006 年，美国境内蜜蜂的数量大幅下降，科学家不能确定原因何在。

→ 给传粉昆虫们一个家园，能让你的园地更加健康。当然，不要在传粉动物的宫殿附近使用化学物质。这些东西对传粉动物不好，对你也不好！

蠕虫的天地

* 材料 *

- → 18~20 厘米高的有盖塑料 "鞋盒" 式盒子
- → 划针
- → 报纸
- → 土壤
- → 红色蠕虫
- → 厨房中的废弃食材——蔬菜的外皮等

厨房中的蠕虫——好极了! 尽管这听上去有点儿怪异,但在你的厨房中放一个虫盒,既能让你少倒垃圾,又能为你的园地创造"黑金"——堆肥!如果你处理得当,就不会产生什么异味,也不会引来果蝇。实验中需要的蠕虫,你可以邮购或在本地卖鱼饵的商店中买到。你可以上网搜索一下"红色蠕虫",看看哪里能买到它们。下单,接着,你只要在家等着收货就可以了。

图 1: 戳通风孔

|||||||||||||||||| * 开始实验 * ||||||||||||||||||

1. 用划针在靠近容器顶端的地方戳一排小孔。这些是通风孔。（图 1）

2. 一小条一小条地撕下报纸（不要使用报纸中的光面纸）。把这些报纸小条浸在水中,然后把它们拧干。它们应该和打湿的海绵同样潮湿。你需要让它们保持潮湿,因此你需要每隔一段时间在容器中洒点儿水,但永远不要让容器底部出现积水。（图 2）

3. 翻松潮湿的报纸条,并把它们放到盒子中,应放满盒子的 3/4 左右。（图 3）

图 2：撕下并打湿报纸

图 3：把潮湿的报纸放到盒子中

图 4：在盒子中放上泥土

4. 在盒子中添上两捧潮湿的土壤。土壤能帮助那些蠕虫消化食物，并给它们更多藏身的空间。把蠕虫放进盒中，然后合上盖子。蠕虫需要一些时间，才能适应它们的新家。给它们一两天的时间适应，然后你再开始喂它们食物。每天拍照，记录每天都有哪些废弃食材从厨房中消失了。（图 4）

5. 几个星期之后，这些蠕虫会蜕皮（还会产生粪便！），它们就是你的肥料。（见上页中的图片）

* 深入探索 *
怎样饲养蠕虫

→ 可以提供给蠕虫的食物：蔬菜和水果的残渣（要确保上面没有沙拉酱、沙司或调味汁）、咖啡渣、潮湿的面包或煮熟的意大利粉。

→ 不可以提供给蠕虫的食物：肉、糖、盐、柑橘、奶制品和加工食物。你放到盒子中的食物碎片越小，它们分解的速度就越快，蠕虫开始食用它们的时间就越早。

→ 在你成为一个养虫专家后，虫子就能繁殖，虫子的数量就会增加。因为这些虫子习惯生活在肥沃、松软、有机的环境中，因此如果把它们放到室外，它们就没法生存。要是虫子数量过多，你可以再添一个养虫的盒子或送一些虫子给你的朋友，让他们也能做自己的蠕虫天地。这个礼物好极了，不是吗？

蟾蜍的小屋

蟾蜍（还有它们的近亲——青蛙）对生态系统非常重要。这两种动物的主食之一就是昆虫，其中许多都是损坏庄稼的害虫，比如蚜虫和蛞蝓。要是能把蟾蜍吸引到你家院子中，让它们来守护你的园地，不是很棒吗？

图1: 装饰瓦盆，让它风干，涂上密封胶，让它干透

图2: 挖出一个放瓦盆的低洼地带

1. 在瓦盆上涂上有趣的图案，并让油漆干透。然后涂上密封胶，并让它干燥一晚。（图1）

2. 在你家院中找到一个阴凉、隐蔽的地方，让蟾蜍在那儿安家。用泥铲在土壤中挖出一小块低洼地带。这样你把瓦盆放在里面后，瓦盆不会滚来滚去。（图2）

3. 把瓦盆侧放在低洼地带中。在瓦盆周围填满泥土，固定瓦盆。（见上页中的图片）

✳ 深入探索 ✳

健康的蟾蜍，健康的环境

→ 青蛙和蟾蜍都是两栖动物，它们是生态环境是否健康的重要风向标，这是为什么呢？因为它们都通过皮肤来呼吸并吸收水分！如果环境受到了污染，它们就会吸收环境中的污染物，污染物会让它们死亡，或让它们无法繁衍后代。

→ 如果在你生活的地方附近看不到青蛙或蟾蜍的踪迹，那一定是环境有问题。造成它们绝迹的，可能是草坪上的化学物质、空气污染或酸雨。

做一个接雨桶

材料

→ 容量为 55 加仑（208 升）的圆桶（确保圆桶是"食品级"的，并且已经清洗干净）

→ 24 毫米的钻头和电钻

→ 2 厘米的椎管螺纹（可在五金商店买到，你也可以向别人借）

→ 2 厘米的插入式水龙头

→ 2 厘米的螺纹（插入式），用以连接 1.3 厘米的软管接头或水管倒钩

→ 月牙形扳手

→ 分流器套件

→ 铁氟龙胶带

用一个圆桶来接雨水，你就能获得免费的雨水，用它来浇灌你的园地。如果安装并使用一个接雨桶，一名园丁一个夏天平均能节约 1000 多加仑（3785 升）的清水——这样不仅能节约自然资源，还能省下不少银子。你可以想象一下，使用这些省下来的资金，你能购买多少新的植物！

开始实验

1. 用 24 毫米的钻头，在靠近圆桶底部的地方，钻一个用来连接水龙头的小孔。然后在靠近圆桶顶部的地方，再钻一个小孔，这个小孔将用来连接水管倒钩。你想把连接水落管的分流器安装在水桶的哪个侧面？在钻小孔时，可别忘了这一点。你可以把圆桶顶端的小孔，钻在圆桶底部的那个小孔的对面。（图1）

2. 把 2 厘米长的椎管螺纹插入小孔中。这样就创建了分水岭，既能把水龙头和水管倒钩紧密连接在接雨桶上，又能起到封水的作用，防止桶中漏水。（图2）

3. 用铁氟龙胶带缠绕水龙头和水管倒钩的螺纹端。（图3）

4. 分别把水龙头和水管倒钩和桶上的两个小孔相连接。用扳手旋紧、固定好水龙头和水管倒钩。（图4）

5. 切开水落管，根据分流器上的说明，将水落管和分流器相连接。把水管和水管倒钩相连接。水会和以前一样，继续从水落管中流下，但现在一部分雨水会流到水桶中。给这个接雨桶上色。（图5）

图 1：钻好连接水龙头和水管倒钩的小孔

图 2：分别把椎管螺纹插到两个小孔中

图 3：用胶带缠绕水龙头和水管倒钩的螺纹端

图 4：旋紧并固定水龙头和水管倒钩

小提示：出于以下几个原因，你需要把接雨桶垫高（可以使用煤渣砖）：

· 接雨桶的位置越高，水压就越大。

· 把接雨桶放在垫高的、平稳的位置，能防止它陷入泥地中。要知道，一个装满雨水的接雨桶，重达 180 千克以上。

· 如果接雨桶距离地面太近，你就无法在水龙头下方连接洒水壶。

图 5：把分流器连接在切开的水落管上，并和接雨桶相连接

＊ 深入探索 ＊
接雨桶的养护

→ 如果你生活的区域，冬季气温在冰点以下，你就需要在每年秋季断开接雨桶和水龙头、水管倒钩的连接，然后把接雨桶储藏起来。应及时把里面的水排空，并清洗干净，以备来年春天使用。

→ 为了进一步节约用水，可以在你的苗圃中放上护根物，延缓水分从土壤中蒸发的时间，让你的植物更加滋润、舒坦。

→ 让你的接雨桶带上一点儿艺术气息，在上面漆上一个美丽的图案（或许上页中的照片能激发你的灵感）。

做一个堆肥箱

* 材料 *

→ 3 个木托盘

→ 油漆（需要使用各种不同的颜色，室外用的建筑漆最好用）

→ 旧油漆刷

→ 4 个角撑、螺丝钉、螺丝刀和电钻

→ 手套（可选）

为你的堆肥箱选择一个合适的摆放地。这个地方应能照射到一定的阳光，并尽量远离你家住房。另外你需要考虑的是，采用何种色彩来粉刷这个堆肥箱，这取决于你是否经常会看到它。当你看向窗外时，如果堆肥箱的用色过于鲜明，那就太刺眼了。

小提示：你可以向本地的杂货店主或商店经理讨要几个木托盘。大多数时候，他们会很乐意让木托盘到你家发挥余热的。木托盘可能会很粗糙，并存在一些碎片，因此在你处理它们时，也许需要戴上一副手套。

图1: 给 3 个木托盘的一个侧面上色

||||||||||||| * 开始实验 * |||||||||||||||||

1. 分别给 3 个木托盘的一个侧面上色，并让它干透。你可以全部使用一种颜色，也可以发挥自己的创意。你只需在堆肥箱的外侧上色。（图1）

2. 这三个木托盘就是堆肥箱的三个侧面（堆肥箱的底部是开放式的）。将它们垂直摆放，并用螺丝钉和角撑把它们组装在一起。（图2）

图2: 组装堆肥箱的侧面，并用螺丝钉和角撑固定好

图3: 添加绿色的植物堆肥原料

图4: 经常性地翻动堆肥

3. 开始填充堆肥箱。首先把小木棍和小树枝堆放到堆肥箱底部（堆放到 15 厘米左右高），以帮助堆肥箱排水。

4. 在这些材料上面，再堆放 15 厘米高的棕色植物堆肥原料，比如干枯的树叶或树枝。然后再添上 8 厘米高的绿色植物堆肥原料，比如绿色树叶、草坪上修剪下的青草、杂草（不含草籽）或厨房中的废弃食材。（图 3）

5. 使用干草叉或铁铲，每周翻动堆肥箱中的堆肥原料，目的是能够更快地形成堆肥，并防止堆肥箱中发出恶臭。几个星期后，你就能在堆肥箱的底部，收集自制堆肥，并使用它们在你的园地中施肥了。（图 4）

＊深入探索＊

别让堆肥发出恶臭

→ 有些人不愿意自己动手制作堆肥，因为他们认为堆肥箱"臭气熏天"。事实上，如果你能采用正确的方法制作堆肥，并不会产生什么异味。堆肥应该是 2 份棕色堆肥（比如干枯的树叶）和 1 份绿色堆肥（比如厨房中的废弃食材）的混合物。你还应该让堆肥保持潮湿，当微生物在堆肥箱中忙碌不停、分解堆肥时，里面还会发出热量。如果在堆肥箱中放入了过多的青草，就会减少堆肥箱中的空气流通，形成厌氧环境，从而导致堆肥发臭。

做一个保护罩

* 材料 *

→ 红杉或雪松木材（为了搭配窗户的尺寸，我们选取1块2.5厘米×30厘米×244厘米的雪松木料，来做玻璃罩的左右两侧和后侧；1块2.5厘米×20厘米×61厘米的雪松木料，来做玻璃罩的前侧）

→ 直尺

→ 铅笔

→ 圆锯

→ 8个木角撑

→ 32个木螺钉

→ 螺丝刀

→ 2个铰链和螺丝

→ 1扇旧玻璃窗（图中这扇玻璃窗的尺寸为53厘米×68.5厘米）

→ 25~30厘米的小木棍

玻璃保护罩是一个保护植物免受严寒天气侵袭的罩子。它的顶部是透明的，因此能允许阳光穿透，给玻璃罩里的植物带来温暖，就像一个小型温室一样。在夏季的几个月中，不需要使用玻璃保护罩（不然太热了，不利于植物生长）。只在一年中比较寒冷的时候，需要使用玻璃保护罩。在玻璃罩的帮助下，园丁们能在生长季一到来时，就拥有一个好的起点，并能一直种植到深秋。给你的玻璃保护罩选一个好位置——建筑物朝南的一面最佳。

注意：在使用旧玻璃窗时，要确保其中没有含铅涂料或经过加压处理的木料。在购买木料前，测出玻璃窗的各个边长，其总长是你需要的木料的长度。举例来说，如果玻璃窗有90厘米长、60厘米宽，那么你总共需要购买3米长的木料。

* 开始实验 *

图1：测量并标记侧面两块木板，画出切割引导线

1. 首先制作箱型框架。因为玻璃窗会略向前方倾斜，侧面的两块木板需要按照一定倾斜角度切割。侧面木板的前端是前面那块木板的高度，后端是后面那块木板的高度。分别测量并标记出侧面两块木板的高度。用一把直尺，把前后两端的两个标记点连成一条直线（切割引导线），这样就标记出了一块有倾斜角度的木板。（图1）

2. 在成年人的帮助下，使用一把圆锯，沿着切割引导线切割出4块木板。（图2）

图 2：切割出 4 块木板

图 3：组装各块木板

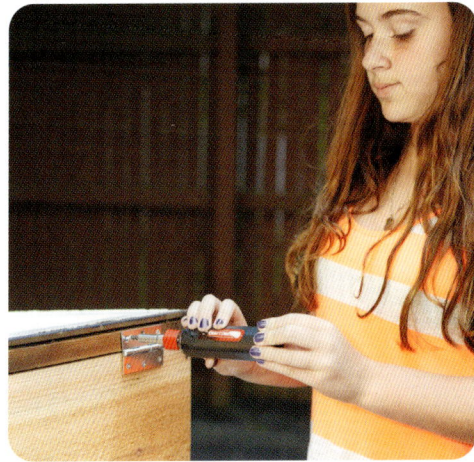

图 4：把铰链安装在木框架和玻璃窗上

3. 把 4 块木板互相垂直地排列在一起，组成一个箱型，把其中最高的那块木板，作为玻璃保护罩的后侧。在箱型框架内的四个边角，分别将 1 个木角撑安装在离顶部 2.5 厘米的地方，将另一个木角撑安装在离底部 2.5 厘米的地方。使用木螺丝和螺丝刀，把各块木板组装在一起。（图 3）

4. 在箱型框架外侧、后侧木板的顶部安装铰链，然后把玻璃窗和铰链相连接（图 4）。把植物放在玻璃保护罩内。在相对比较温暖、太阳比较大的日子，使用小木棍把窗户向上撑开一点儿，这样里面的植物就不会因为过于炎热而受到炙烤了。（见上页中的照片）

＊深入探索＊
延长生长季节

→ 制作玻璃保护罩有可能很简单，也有可能很困难，具体要看你想把它做成什么样子。在这个实验室，我们做的是一个非常简单的玻璃保护罩。在你基本了解玻璃罩的制作流程后，你可以试着制作更为复杂的玻璃保护罩。

→ 除非你生活在一个全年都可种植蔬果花木的地方，不然，你一定想要知道，怎样才能提早每年开始种植的时间，并延长最晚种植的时间，这就叫"延长生长季节"，玻璃保护罩能帮你实现这个愿望。

→ 由于玻璃窗起到了盖子的作用，雨水无法进入玻璃保护罩中，这意味着，你该给里面的植物浇水。在非常寒冷的日子中，许多植物都进入了休眠状态，就算有些植物需要水分，也只需要少量。

虫子大搜索

- → 金属衣架
- → 布基胶带
- → 2 厘米长的木销钉
- → 90 厘米的绢网布
- → 针线
- → 干净的有盖小玻璃罐（在盖子上戳几个小孔）
- → 昆虫识鉴图书或移动设备上的昆虫识鉴应用程序

对于一个繁茂兴盛的园子来说，虫子的重要性让人难以想象。而且你在你的园地中找到的大多数虫子，实际上都是益虫。你可以花点儿时间，认识一下园地中的虫子朋友，增进对它们的了解。

* 开始实验 *

1. 把金属衣架呈三角形的部分拉弯，使之变成圆形，并把衣架的挂钩部分拉直，然后用布基胶带将现在已经拉直的挂钩部分绑在细圆木棒上。（图 1）

2. 把绢网布对折，剪出一个三角形，如图所示，然后把三角形分开的两条边缝合在一起。（图 2）

3. 把圆锥体的圆形开口部分和金属衣架的圆形部分相重合，交叠 2.5 厘米。然后全部缝合起来，把两者连接在一起，捕虫网就做好了。（图 3）

图 1：把衣架吊钩拉直的部分紧紧捆绑在圆木棒上

图2：折叠并剪开绢网布，做成一个"圆锥体"

图3：将绢网布和金属衣架的圆形部分相重叠，并缝合在一起

图4：鉴别玻璃罐中的虫子，在做完你的研究后放了它

4. 在你的园地中，只需轻轻举起捕虫网一挥，就能捉住你想要仔细观察研究的昆虫，就如上页照片中所展示的那样。轻轻地把你捕到的昆虫放到玻璃罐中，并盖上盖子。浏览昆虫识鉴图书或应用程序，试着鉴别你刚才捕捉到的虫子。很有可能你捉到的是一只益虫，那就打开盖子，把它放回到你刚才捉住它的地方，并对它说声"谢谢你"。（图4）

＊深入探索＊
创造一个虫子友好型花园

→ 你可以在你的园地中，栽种一些昆虫赖以为生的植物，这样就能吸引昆虫来造访你的苗圃。举个例子，为了吸引草蜻蛉，你可以栽种茴香、蓍草或莳萝。瓢虫也喜欢蓍草或莳萝，此外它们还喜欢野胡萝卜花和芜菁。这样做还有一个特别福利：这些吸引益虫的植物，本身也都很可爱。

做一个喂鸟器

* 材料 *

→ 旧木相框，大约 20 厘米 ×25 厘米

→ 电钻和微型钻头

→ 4 个小螺丝眼

→ 比相框尺寸略大的网纱布

→ 订书机和订书钉

→ 5 个 "S" 形小挂钩

→ 3 米长的绳链

在世界上的许多地方，观鸟都是人们最喜爱的活动。 鸟儿色彩缤纷、形态各异，它们的行为非常有趣，有时甚至还有意想不到的喜剧效果！如果为鸟儿们制作一个喂食器，并将它悬挂在窗户附近，你就能吸引它们来到你的窗前，你可以在室内就近观察它们，那是多么方便啊！

* 开始实验 *

1. 在相框背面的四个边角钻上导向孔。（图1）

2. 把螺丝眼插入你钻好的导向孔中。（图2）

3. 把网纱放在相框正中，用订书机把它钉在相框上。在相框的边角周围钉下订书钉。（图3）

图1: 钻导向孔

图 2：插入螺丝眼

图 3：将网纱钉在相框上

图 4：把喂鸟器挂在绳链上

4. 在各个螺丝眼上挂上一个"S"形挂钩。然后在每个"S"形挂钩上挂上 60 厘米长的绳链，把 4 段绳链集中在一起，挂在第 5 个"S"形挂钩上。把剩下的绳链挂在"S"形挂钩上，把喂鸟器悬挂起来。在喂鸟器中放上种子，把它挂在室外。你的那些长着羽毛的朋友会感谢你的善举。（图 4）

✳ 深入探索 ✳
帮助本地鸟

→ 调查你们地区有哪些本地鸟。可以从你们本地的自然资源部门的网站上进行搜索。了解一下，你们当地的那些鸟儿，需要什么才能生存下来，并帮助它们获得它们赖以生存的东西。如果能种植一些多年生植物、灌木和树木，从而为鸟儿提供长期的食物和庇护，那就太理想了。为它们提供清洁的饮用水，制作给鸟儿戏水的鸟浴盆（实验室 38），让它们能够洗澡。

→ 本地鸟对生态环境非常重要：它们能够传播植物花粉、遏制昆虫和啮齿类动物、播撒种子，等等。本地鸟儿最大的威胁是本地的猫。每年被猫咪弄死的鸣禽不计其数。为了防止这种情况发生，最好的办法就是把猫咪养在室内，这样对家猫来说也更安全。

做一个沙漠植物观赏瓶

82

* 材料 *

→ 纸张

→ 干净、有盖、开口大的塑料瓶或玻璃瓶

→ 2杯（490克）碎石

→ 30~90克木炭

→ 2杯（200克）盆栽土

→ 筷子或其他细长木棍

→ 扦插枝条：青锁龙属植物、虎尾兰、景天属植物

→ 生根粉

→ 喷雾瓶

我们大多数人所生活的地区，都不具备能够全年从事园艺的气候条件。但你仍然可以通过在室内栽花种草，得到一些弥补。你可以选用开口大的容器，否则你必须削去容器的顶部，才能把所有材料放进容器中。在开始动手前，先用肥皂和水把这个容器清洗干净。

| | | | | | | | | * 开始实验 * | | | | | | | | |

1. 把一张白纸卷成漏斗形，把它当作漏斗，将碎石倒入你的植物观赏瓶的底部。轻轻摇晃瓶子，让碎石分布均匀。（图1）

图1：倒入碎石

图 2：倒入木炭和土壤

图 3：浸入扦插枝条

图 4：把扦插枝条插到瓶中

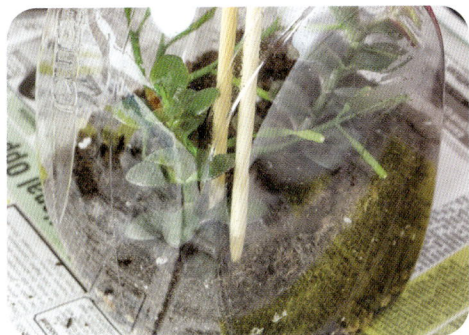
图 5：用筷子种好植物

. 将木炭倒在碎石上，用一根筷子搅动，使其在碎石上分布均匀。以同样方法倒入土壤。（图2）

. 考虑好该如何排列植物。将扦插枝条浸在生根粉中。遵照生根粉外包装上的说明和注意事项，进行有关操作。（图3）

. 把扦插枝条插到植物观赏瓶中。（图4）

. 用筷子把植物周围按压紧实，让扦插枝条深深插入土壤之中。在观赏瓶中全方位喷洒水雾，然后盖上植物观赏瓶的盖子。（图5）

＊深入探索＊

如何给观赏瓶中的植物浇水

→ 使用观赏瓶种植的最酷的一点是，如果操作正确，就基本不需要你费什么心。关键是要在你所选择的容器中，放入数量适当的碎石和土壤。土壤能够保留水分，而碎石能够排出水分，防止你的植物被水淹死。

→ 新的扦插枝条刚刚种下、开始生根时，需要的水分要比通常情况下更多一些。在你把扦插枝条插入植物观赏瓶中的第二天，留意观察一下植物观赏瓶，看看观赏瓶的四面残留着多少水分。如果观赏瓶的侧面布满了大滴的水珠，那就说明植物观赏瓶中的水分太多了。只需要把观赏瓶的盖子打开几个小时，就能及时进行补救。

31

筑巢材料集中营

→ 干衣机中的棉絮

→ 小树枝

→ 干草

→ 小段的棉纱线

→ 较大的金属搅拌器

→ 20 厘米长的麻绳

你的心在哪里，你的家就在哪里。但对鸟儿来说，它的巢在哪儿，它的家就在哪儿。许多鸟儿用各种各样的材料来筑巢，它们在鸟巢中下蛋，并保护它们的雏儿。既然鸟儿们非常忙碌，我们为什么不替它们收集一些筑巢材料，并把它们集中在一个地方呢？

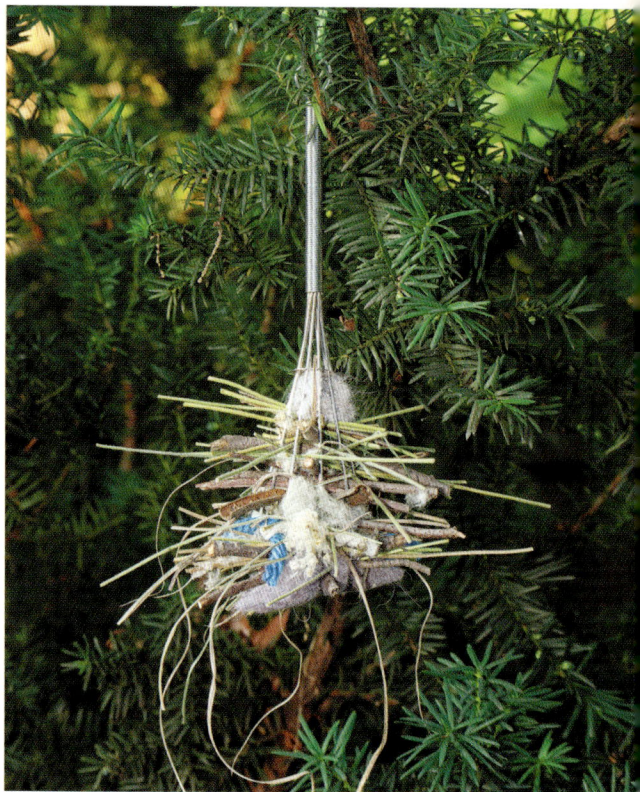

|||||||||||||||||| * 开始实验 * ||||||||||||||||||

1. 在你家的庭院或附近一带搜索一番，把各种各样的筑巢材料收集起来。在收集干草时要注意，如果草坪上曾经喷洒过化学物质，那么这块草坪上的干草就不能使用。折断或割段小树枝，小树枝的长度不能超过 15 厘米。棉纱线也应剪短，其长度不能超过 10 厘米。（图 1）

2. 把所有的材料都塞到搅拌器中。把麻绳系在搅拌器的手柄上，把搅拌器悬挂在鸟儿会造访的树上（也许可以挂在实验室 29 中的鸟儿喂食器附近）。（图 2）

图1：收集筑巢材料

图2：塞入筑巢材料

＊深入探索＊
关于鸟儿

→ 科学家相信，鸟类是从恐龙进化而来的，这下你对它们更加另眼相看了，对不对？

→ 鸟儿的骨头是中空的，因此它们的体重很轻，可以轻快地飞翔。

→ 吸引鸟儿来到你的园地中，这是一种双赢：观赏鸟儿让人赏心悦目；那些以昆虫为食的鸟儿，还能帮你除去植物中潜伏的害虫。

UNIT № 05

✳ 造园艺术 ✳

花园从本质上说是艺术品。花园设计会涉及许多艺术概念，如：质地、线条、对称、色彩和焦点，等等。此外，花园还是展示艺术品的理想场所。花园中的灌木、树木、鲜花，在点缀其间的艺术品的烘托下，显得更加美丽。本单元将带你发挥创意，使用油漆、清水、水泥和瓶盖等，做出与众不同的别致装饰品，把你的户外空间装点得更加美丽。装饰物品越多，你的花园就越漂亮。

踏脚石

* 材料 *

→ 边长不超过 30 厘米的塑料外卖盒

→ 植物油

→ 装饰用的小石子或碎石、大理石，等等

→ 搅拌水泥用的盒子或水桶

→ 袋装珍珠岩

→ 袋装泥煤苔

→ 袋装硅酸盐水泥

→ 防尘面罩

→ 橡胶手套

→ 保鲜膜

注意：在接触这些材料时，一定要戴上面罩。在搅拌这些材料时，一定要戴上手套。

自己制作踏脚石非常容易，它能让你的花园富有个性。使用那些你本来即将扔进垃圾桶中的快餐盒，既节约了地球上的资源，还能为你省下不少开支。

* 开始实验 *

图 1：把油倒入容器中

图 2：放上装饰用的小石子

图 3：混合珍珠岩、泥煤苔和水泥

图 4：在混合物中加水，用双手搅拌它们

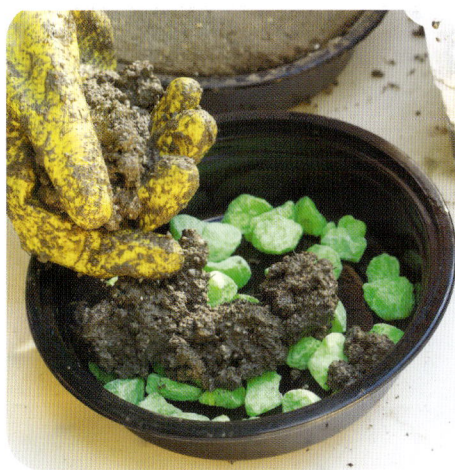
图 5：把混合物舀入各个容器中，并按压紧实

1. 在容器的表面涂满植物油。植物油能起到润滑作用，帮助之后成型的踏脚石和容器分离。（图 1）

2. 在容器中放上装饰用的小石子或大理石。（图 2）

3. 在一个盒子或一个水桶中倒入等量的珍珠岩、泥煤苔和硅酸盐水泥，并进行搅拌。粉碎所有大块的材质，在操作时戴上防尘面具。（图 3）

4. 戴上橡胶手套，慢慢地把水添加到混合物中，用你的双手搅拌它们。你需要把它们搅拌成类似白软干酪的质地——不是特别干燥，也不是特别湿润。（图 4）

5. 小心地把混合物舀入各个容器中，放在容器中的石头或碎石上。向下按压混合物，挤出其中的气泡。用保鲜膜覆盖容器，放置 3~4 天等混合物变硬。几天之后，撕开容器的保鲜膜，把你的食指压在混合物上，如果没有出现凹痕，说明踏脚石已制成，你可以把它们从容器中分离出来了。（图 5）

＊深入探索＊
踏脚石的保养

➤ 在这个实验中所使用的混合物叫作混合水泥，它需要几个星期才能完全变硬，因此在这段时间内，都应避免让踏脚石受到直接光照，在它们硬化的过程中，经常性地给它们喷水，能让它们变得更加牢固，并防止它们裂开。

➤ 如果在你所在的地区，冬天气温将降到冰点以下，那么在寒冷的日子里，要把踏脚石搬到室内，这样能够延长它们的寿命。

33

风铃

* 材料 *

→ 42 个金属瓶盖

→ 木材边角料

→ 划针（或瓦楞钉）

→ 铁锤

→ 3 毫米宽的丝带

→ 缝针

→ 咖啡杯上的塑料盖

→ 7 粒纽扣或珠子

→ 金属扭线环

风铃是一种非常别致的装饰品，它不但能发出悦耳的声音，还能给你的花园带来动态的美感。制作风铃的过程也非常有趣，你可以使用各种材料，尽情发挥创意。在这个实验室中，我们使用的是一些升级回收物品。在开始动手制作风铃前，把所有的材料放在一个平整的表面上，并铺上一张报纸。

||||||| * 开始实验 * |||||||

1. 把瓶盖倒过来，放在木材边角料上。将划针或钉子对准瓶盖上的橡皮圈，在瓶盖上戳一个小孔。移动划针，依次在各个瓶盖上戳出小孔。（图 1）

2. 剪下 7 段 90 厘米长的丝带。用缝针将丝带穿过瓶盖上的小孔，然后在瓶盖上打一个双结，以固定瓶盖的位置。（图 2）

3. 继续把另外 5 个瓶盖穿在同一根丝带上。在丝带末端留下 15 厘米的长度。（图 3）

4. 用划针在塑料盖上戳几个小孔。在把 7 条丝带都串联上瓶盖后，将各条丝带穿过咖啡杯上的塑料盖，然后将丝带穿过一个纽扣或珠子，固定它的位置。（图 4）

5. 把所有丝带未打结的另一端聚在一起，把丝带缠绕在金属扭线环上，形成一个环，固定这些丝带的另一端。（图 5）

图 1: 在瓶盖上戳出小孔

图 2: 将丝带穿过瓶盖, 并打结

图 3: 在丝带上穿上更多瓶盖

图 4: 将丝带穿过塑料盖, 并打结

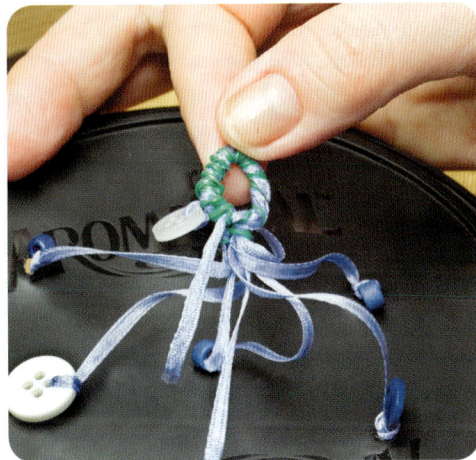

图 5: 将丝带缠绕在金属扭线环上

深入探索

升级回收

→ 升级回收是将原本已经没有用处的材料变废为宝、再次利用。这是保护环境资源的一种方式。你可以找一找, 还有别的可以升级回收、使它能继续在你的花园中找到用武之地的东西吗? 你通常情况下会扔掉的一些东西, 还有利用价值吗? 你可以在你的园地日志中列个物品清单, 思考一下有没有别的可行的项目。

自己做植物标签

* 材料 *

→ 坡璃罐上的大瓶盖

→ 划针

→ 油性记号笔

→ 金属衣架

→ 尖嘴钳

如果你的园地生机勃勃、欣欣向荣、郁郁葱葱，栽满了各种绿色植物，那么，人们一定想要知道，园地中各种植物的名称。也许你记得其中很多植物的名称，也许你甚至记得所有植物的名称，但有时候我们会突然想不起来。如果用再生材料制作一些植物标签，人们就能知道你种的是什么植物了。在这个过程中，你还能学到一些植物的拉丁文学名呢。

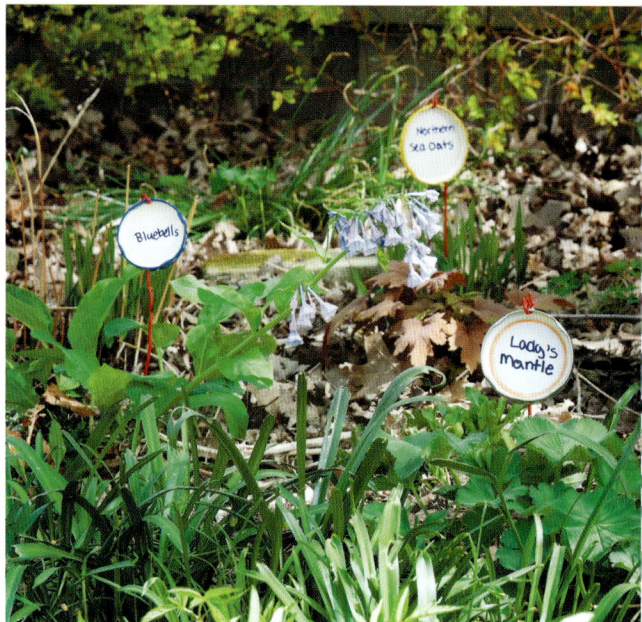

图1：在每个瓶盖上，戳出两个小孔

|||||||||||||| * 开始实验 * ||||||||||||||

1. 用划针在瓶盖内侧边缘戳出一个小孔。这个小孔所在的位置，将是这个植物标签的顶端。然后在其对面（底部）再戳出一个小孔，这个小孔用来排水。（图1）

2. 用油性记号笔，在瓶盖内面的中央写下这种植物的通俗名称。如果你知道这种植物的拉丁文学名，可以把它写在瓶盖的底部。（图2）

3. 将金属衣架拉直，用尖嘴钳将它截断，分成三等分。（图3）

4. 将截断的衣架铁丝从瓶盖顶端的小孔中穿过，然后将它弯向瓶盖后面，这样就把瓶盖挂在衣架铁丝上了。将衣架线插入植物附近的土壤中，你们的花园之旅就能开始了。（图4）

图2：在瓶盖上写下植物的名称

图3：将衣架截断，分成三等份

图4：将衣架铁丝穿进瓶盖

* 深入探索 *

学一点儿拉丁文

→ 哦，拉丁文学名，你知道我是多么爱你吗。这个世界上所有生命体的拉丁文学名，都是由两个单词组成的。"人类"在拉丁文中叫作"智人"。所有的拉丁文学名都是斜体字，第一个单词的首字母都要大写。所有拉丁文学名的第一个单词代表"属"，第二个单词代表"种"。

→ 所有生命体都有一个拉丁文学名，因此每个生命体都有自己独一无二的名称。如果你在俄亥俄州谈到"松果菊"，你在比利时的朋友马上会知道，你指的是什么植物。

→ 学名和普通名称的区别是，每一生命体只有一个学名，却可能有多个普通名称。比如，"类叶升麻属植物"，又被人们称为：宿根草、蛇根草、紫蛇根草、秋驱虫草、黑升麻、驱虫草、秋蛇根草！

→ 以下只是一部分拉丁词根和它们的含义。下次当你在花卉商店看到某个植物标签时，如果植物的名称中包含下列词根，你就能多少对这种植物有所了解：

ALBA - 白色
ACER - 尖锐的，锋利的
CRASSULA - 厚的
BARBATA - 多毛的，有须的
DURA - 坚硬的
ECHINOS - 刺猬、豪猪
EROS - 爱，心形的
EXIMIA - 优秀的

FLAVUS - 黄色
FEROX - 强烈带有
TEETH - 呀！
GLABRUS - 光滑的
MAGNA - 大的
RUBRA - 红色
VULGARIS - 普通的

罐头发光体

* 材料 *

→ 撕去标签的空罐头

→ 旧毛巾

→ 划针

→ 锤子

→ 18 号细金属丝

小提示：如果你不想把这些罐头悬挂起来，你可以在这些空罐头的底部，倒上 2.5 厘米厚的沙子，这样就能增加它们的重量；而且，当罐头中放上蜡烛后，装上沙子可以有效地防止罐头被风吹倒。

灯笼和发光体是古人用来照明的器具。早期希腊人和罗马人利用它们在夜晚照明，并让自己更加安全。

* 开始实验 *

1. 在罐头中放满水，把它放置在冰箱中一个晚上。这样能更容易地在罐头上戳孔，否则戳孔时很容易导致罐头变形。别把它放在冰箱中太久，否则罐头有可能会裂开。（图 1）

2. 从冰箱中拿出罐头。把罐头侧放在折叠好的旧毛巾上。毛巾能起到固定罐头、不让它在你摆弄它时随意滚动的作用。（图 2）

3. 用划针和锤子，在每个罐头顶端戳两个小孔，两个小孔的位置相对。这两个小孔是用来悬挂发光体的。（图 3）

4. 从罐头底部往上 2.5 厘米处开始，使用划针和锤子，在罐头上戳出若干个无规则的小孔。（图 4）

5. 把金属丝穿过罐头顶端附近的两个小孔，用来悬挂罐头。（图 5）

图1：在罐头中注满水，放在冰箱中

图2：把罐头侧放在毛巾上

图3：戳悬挂发光体的小孔

图4：把划针放在罐头上，用锤子击打划针，在罐头上戳出小洞

图5：将金属丝穿过罐头顶端的小孔，并系紧

深入探索

关于发光体的小提示

→ 在你的罐头发光体中点燃蜡烛，并且一定要看着它们。只在有成年人看管时才能使用蜡烛，否则就使用电池供电的小珠泡。

→ 你知道有些植物非常易燃吗？松树、杜松和冷杉都非常易燃，不能让明火靠近这些植物。

→ 用油彩笔在罐头上画出一个图案，然后按照图案在罐头上戳孔。戳好小孔后，再擦去之前用油彩笔画出的图案。

香豌豆帐篷

→ 120 厘米长的竹竿或类似的木棍

→ 橡皮筋

→ 彩色的麻绳

→ 割蒲公英的除草机或类似的金属小器械

→ 香豌豆种子

当然,你完全可以买一个便宜的、单调的花架,让你的攀缘植物沿着它生长。但是,自己动手为这些可爱的花朵做一个更有意思的花架,不是更好吗?如果你是一株香豌豆,难道你不想攀缘这更有趣的花架吗?

* 开始实验 *

1. 拿几根竹竿,在距离竹竿末端 7.5 厘米处,用橡皮筋捆扎 3~4 圈直到把这些竹竿束紧。用彩色麻绳捆在橡皮筋上,把橡皮筋完全遮住。(图1)

2. 在你选定的栽种香豌豆的地点,把这些竹竿的另一端散开,散成一个圈形,用割蒲公英的除草机在地上戳出几个洞,这些小洞是用来插竹竿的。用力把竹竿插入土壤中,一定要把它们插紧,你可不希望在香豌豆花正值盛开时,这个花架突然坍塌、压在花朵上吧!(图2)

3. 遵照种子袋上的说明,在每根竹竿底部,撒下 2~3 颗种子,并给它们浇水。(图3)

图 1：用橡皮筋捆扎竹竿，然后用麻绳遮住橡皮筋

图 2：将竹竿的另一端散成一个圈形

图 3：撒种并浇水

深入探索

种皮盔甲

图 4：种植前浸泡香豌豆种子

→ 种子外面有一层叫作种皮的物质，它起着保护里面的种子、不让里面的植株幼体死亡或受伤的作用。为了让香豌豆的种皮变软，你可以在播种前，先把香豌豆种子放在水中浸泡上几个小时（图 4）。在你准备播种时，种皮应已变得足够柔软，你能轻易地用指甲或小树枝把种子刮开，这样才能让水和其他营养物质渗入种子中，让种子开始生长。

→ 有的种子的种皮非常坚硬，就连动物的胃酸也无法消化它们；哪怕经历森林大火，它们仍然丝毫未受损伤，种子仍然能生长发芽！

混合水泥花盆

* 材料 *

→ 各种形状、大小不一的容器

→ 植物油

→ 袋装珍珠岩

→ 袋装硅酸盐水泥

→ 袋装泥煤苔

→ 水桶或其他较大的容器

→ 防尘面罩

→ 橡胶手套

→ 塑料吸管

→ 剪刀

→ 保鲜膜

注意：在操作这些材料时，需要戴上防尘面罩；在搅拌这些材料时，需要戴上橡胶手套。

在这个实验中，需要使用大小不一的容器，小容器要嵌套在大容器中，大小容器之间的间距不超过 2.5 厘米。

\\\\\ * 开始实验 * \\\\\

1. 在每一对大容器的里层和小容器的外层涂上植物油。它能帮你将做好的泥塑花盆从容器中移出。（图1）

2. 把等量的珍珠岩、水泥和泥煤苔放到水桶中，戴上防尘面罩和橡胶手套，用双手搅拌混合物。弄碎不均匀的大块水泥，并拣出里面的小树枝等杂物。（图2）

3. 缓缓地把水添入混合物中，用双手小心搅拌它们（仍须佩戴防尘面罩和橡胶手套）。你的终成品应该是光滑而不太潮湿的。（图3）

4. 把少量水泥混合物倒入大容器的底部，大约需倒入 2.5 厘米深。切下一段塑料吸管，其长应和容器底部水泥混合物的高度相等，将吸管插在水泥混合物中央。等水泥干透后，取出这段管，就形成了排水孔。（图4）

5. 将小容器嵌套到大容器中，轻轻按压大容器底部的水泥混合物。在两个容器中间的空隙中入更多的混合水泥，直至小容器的顶部。把混合水泥胚胎的顶端部分整理平整。（图5）

6. 用保鲜膜覆盖每一对容器。在第二天拿出小容器。让花盆胚胎再干燥几天。保鲜膜能帮助留水分，这样混合水泥就会慢慢变干，而且会更加坚硬。如果你用手指能刮开混合水泥的表面那就应该让它再干燥几日。（图6）

图1：给容器抹上植物油

图2：用你的双手混合珍珠岩、水泥和泥煤苔

图3：加上水后继续混合搅拌

图4：将水泥混合物倒入容器中。在混合物中央插上吸管

图5：把小容器嵌套在大容器中，添加水泥混合物

图6：覆盖住容器表面，再存放几日等它干透

＊深入探索＊

赶走石灰！

→ 在你的混合水泥花盆完全制成后（根据它们的大小，这可能需要好几个星期甚至好几个月的时间），将它们放在水中浸泡几天，让水泥中的一些石灰排出来。如果花盆中含有大量石灰，会对植物生长带来不利影响。

给鸟儿做个浴盆

→ 浅口碗或浅口碟子

→ 防水硅胶

→ 烛台

在这个实验中，请尽情发挥你的创意！你可以去旧货商店或者跳蚤市场看看，买一些便宜的碗碟和烛台。把风格完全不同的东西混搭在一起，也是非常有意思的，你可以让你的想象力尽情驰骋，把它当作礼物送给别人也是很棒的！

* 开始实验 *

1. 在你的工作台上铺上报纸，把所有材料放在上面。把碗倒扣在工作台上。（图1）

2. 沿着烛台顶端的一圈，均匀地挤出硅胶。挤出的硅胶必须是连续的，这样等硅胶干后，烛台上就能形成一个完整的防水密封圈。（图2）

图1：集中材料

图 2：将烛台顶端涂上硅胶

图 3：把烛台按压在碗上，并让它自然晾干

图 4：让鸟儿在浴盆中洗浴

3. 把烛台按压在碗底中央。放置一个晚上等它干透。（图 3）

4. 等硅胶完全干透后，把这个鸟浴盆放在你的花园中，在里面放上清水，让鸟儿们能洗浴嬉戏！每隔一天换水，这样你的鸟儿们就能享用新鲜、干净的洗澡水了。（图 4）

✳ 深入探索 ✳

关于鸟儿

➔ 你知道吗，鸟儿是不会流汗的。在盛夏炎热的天气中，在鸟浴盆中洗浴、扇动翅膀能帮助它们降温。当然，鸟儿也需要好好梳理、养护自己的羽毛，让羽毛保持干净，这样它们才能轻松地飞翔！

➔ 鸟儿不会一下子就接受新的事物。所以你得耐心地等上几个星期，才能欣赏到它们在鸟浴盆中洗浴嬉戏的美景。把鸟儿的浴盆放在鸟儿的喂食器（实验室 29）或它们聚集的灌木丛旁边。这能让它们更快地熟悉这个新的艺术品。

➔ 由于鸟浴盆的材质不同，有的鸟浴盆在寒冷的冬天，可能会碎裂。如果气温预计将会降到 0℃以下，你需要把它们搬到室内。

装饰你的花盆

* 材料 *

→ 铺在工作台上的报纸

→ 多种颜色的丙烯酸涂料

→ 纸盘

→ 海绵刷

→ 瓦盆（我们使用 5~10 厘米的瓦盆，但你可以选择自己喜欢的大小）

→ 纸条

→ 诗句或你喜欢的谚语

→ 水性密封胶

→ 泡沫刷

→ 聚氨酯

我喜欢旧瓦盆那种朴素的颜色和外观。但有时候，你会想赋予它们更多的活力。这个实验能让你尽情释放出你的创造力，做出让人惊艳的艺术品。在你开始动手前，先用湿纸巾擦去瓦盆上的尘埃和泥土，并把瓦盆晾干。在你的工作台上铺好报纸。

* 开始实验 *

1. 把 2~4 种不同颜色的涂料挤在纸盘上。（图 1）

2. 用海绵刷沾上颜料，然后将它随意涂抹在瓦盆上，注意多留下一些空白。然后换上别的颜色，重复这一步骤。在涂抹不同颜料时，要留出让颜料干燥的时间。（图 2）

3. 在电脑上打出你希望贴在瓦盆上的诗句或谚语，将它打印下来。撕下印有诗句或谚语的狭长纸条，使纸条的长度正好能围绕瓦盆顶端一圈。在瓦盆的顶端边缘刷上一圈水性密封胶，贴上纸条，然后再在纸条上刷上一层密封胶，把纸条胶着在瓦盆上，让它自然晾干。（图 3）

4. 在整个瓦盆内外刷上聚氨酯，防止涂料剥落。让它自然晾干。（图 4）

图1：把颜料挤在纸盘上

图2：用海绵刷给瓦盆上色

图3：在狭长的纸条上打印一句诗句或谚语，把它粘贴在瓦盆的边缘

图4：用聚氨酯刷瓦盆

深入探索

做一个俏皮的结婚回礼小礼品

→ 我认识一个人，她把这些瓦盆做成了结婚回礼小礼品。她在瓦盆边缘，用一张纸条贴上一句谚语，并附上她的结婚日期。由于她的婚礼在秋季举行，她买了许多番红花球茎（她最喜欢的花朵），用粗麻布包装它们，然后用麻绳把它们扎成一束，然后在每个瓦盆中放上一束番红花。哦，没错！这个人就是我！

石子仿生小虫

* 材料 *

→ 小虫子的图片

→ 不同颜色和形状的、表面光滑的石子

→ 铅笔

→ 各种颜色的丙烯酸涂料

→ 小型漆刷

→ 聚氨酯

→ 泡沫刷

花园中的虫子有很重要的作用：它们能够传播花粉、保护生物多样性、吃掉一些有害的生物体，**而且它们本身也是其他生物的食物**。在这个实验中，我们用石子制作仿生小虫，用它们来装饰花园，以此向这些可爱的小家伙表示感谢。你可以随心所欲，把它们做得逼真一点儿或梦幻一点儿。在网上搜寻一些小虫的图片，或从图书馆的虫子识鉴图书上找到一些图片。

* 开始实验 *

1. 确保石子是干净、干燥的。选出你想要画的小虫，用铅笔在石子上画出它们的轮廓。（图1）

2. 给它们上色。让颜料自然风干一个晚上。（图2）

3. 再在图案上覆盖一层聚氨酯，让你绘制的图案能长久保存下来。把这些石子做成的小虫放在你的花园中，让大家都来欣赏它们。（图3）

图1: 在石子上画上小虫

图2: 给小虫上色, 让它自然晾干

图3: 在小虫图案上覆盖一层聚氨酯

深入探索
再来了解一下虫子

> 当人们说"虫子"时, 通常情况下, 他们指的是那些让人毛骨悚然的、长着许多条腿的小爬虫。但从定义上说, 一般昆虫有6条腿、一对触须, 它们的身体可以分成3个部分。

> 没有人知道, 世界上究竟一共有多少种昆虫。科学家预计在100万~300万种之间。

> 世界上最大的甲虫生活在南美, 那家伙快有20厘米长了。

> 蜻蜓每小时能飞35公里。

> 有些昆虫身上特别色彩斑斓, 它们是在用艳丽的颜色警告别人, 如果把它们惹火了, 它们会放毒, 它们危险着呢。有的昆虫身上的颜色比较暗淡, 这是它们的保护色, 它们想和周围的环境融为一体, 以保全自己。

41 瓦盆喷泉

* 材料 *

→ 5 个瓦盆，其规格从 30 厘米到 15 厘米递减

→ 防水胶带

→ 3 个 16 毫米的橡皮桌脚垫

→ 防水硅胶黏剂

→ 橡皮管

→ 喷泉泵

→ 小石子，比如鹅卵石

世界上没有比汩汩的流水声更让人放松的声音了。为什么不做一个这样的瓦盆喷泉，享受它给你的花园带来的惬意？在你开始做这个实验前，确保瓦盆是干净、干燥的。把你的喷泉建在电源插座附近，这样等你完工后，你就不需要再挪移它了。

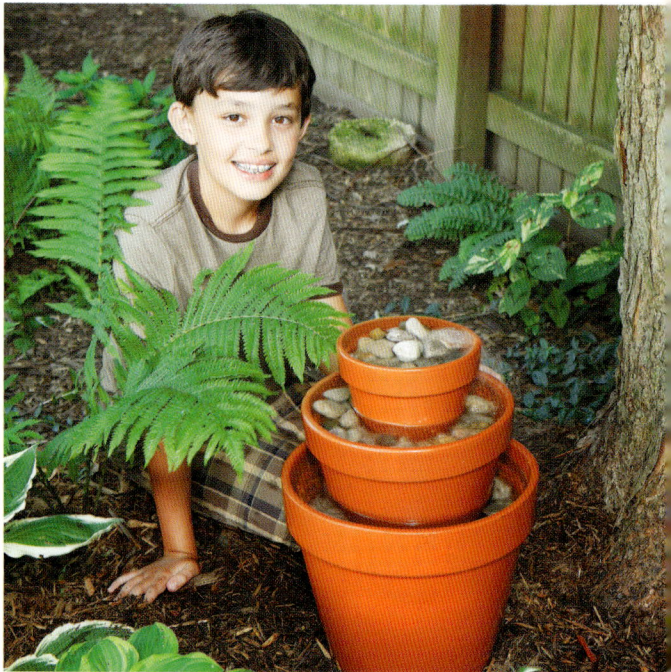

|||||||| * 开始实验 * ||||||||

1. 把最大的瓦盆放在你选定的地点，用防水胶带彻底堵住瓦盆底部的排水孔。把 3 个橡皮桌脚垫放在瓦盆底部，彼此之间隔开相等的距离。用硅胶把这 3 个桌脚垫粘在瓦盆上，自然晾干一个晚上。（图1）

2. 把橡皮管连接在喷泉泵上，把喷泉泵放在瓦盆底部、3 个桌脚垫之间的位置。记住，要把喷泉泵的电线挂在这个最大的瓦盆的外面。（图2）

3. 把第三大的瓦盆倒扣在桌脚垫上，将橡皮管从这个瓦盆的排水孔中穿过。然后用防水胶带堵住这个瓦盆的排水孔。（图3）

图 1：用胶带封住排水孔，然后粘上桌脚垫

图 2：把喷泉泵放在排水孔上方

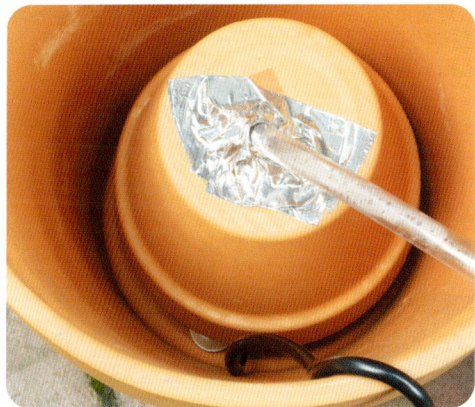

图 3：在最大的瓦盆中放入一个瓦盆，将橡皮管从这个瓦盆的排水孔中穿过，并封住排水孔

4. 把余下的瓦盆中最大的那个，正面朝上，放在倒扣着的那个瓦盆上面，将橡皮管从这个瓦盆的排水孔中穿过。然后用防水胶带堵住排水孔的缝隙。然后重复这一步骤，直到5个瓦盆都已叠放好，并且将橡皮管穿过最小的那个瓦盆的排水孔。接着，在各个瓦盆中放上鹅卵石。在各个瓦盆中放满清水，将喷泉泵的插头插入电源插座中，确保喷泉泵能正常工作。（图4）

注意：在你把插头插入插座中前，要确保你的双手和喷泉的插头是完全干燥的。在操作时小心一点，因为在你插入插头时，水可能会一下子喷涌上来！然后在瓦盆中放满鹅卵石，你可以试着进行各种排列，实验怎样排列石子，能让喷泉的形态和声效达到最理想的状态。在橡皮管的端口处，放一块大一点儿的石头，以减缓水流速度，防止水流一下冲出，过于猛烈。

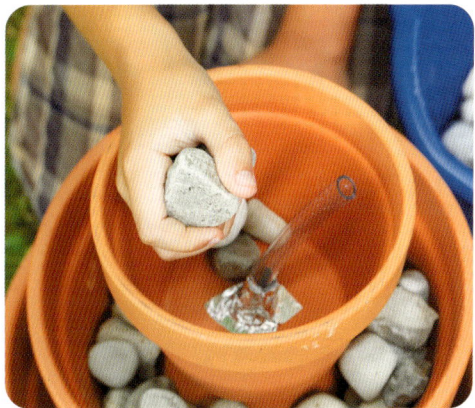

图 4：把瓦盆一个个叠放上去，直到放上最小的瓦盆，并将橡皮管穿过排水孔，向上伸出。封住排水孔，并添上鹅卵石

＊深入探索＊
爱上你的喷泉

→ 在将喷泉中装满鹅卵石之前，可以先在其中注满水，插上插头，看看喷泉能否正常工作。由于在建造这个喷泉的过程中，难免会有各种磕磕碰碰，很有可能哪个地方已经松动脱节了。如果喷泉中只有少量鹅卵石，那么拿出少量的鹅卵石进行检查，会比放满鹅卵石后再将它们全部取出、进行检查容易得多。

→ 潺潺的流水声能够掩盖其他你不想听到的声音，给你的花园带来不可多得的惬意时光。

→ 流水能够吸引鸟儿前来，因此可以把你的鸟儿喂食器（实验室29）和鸟儿的浴盆（实验室38）放在这个喷泉的附近。

UNIT № 06

✳ 享受你的花园 ✳

为什么要营造一个花园？为什么要付出这么多的劳动、汗水、泪水，和泥土打交道？如果不是为了欣赏你的花园，那么这一切还有什么意义呢？没错，栽花种草非常轻松，是一种非凡的体验，因为你正在美化这个世界的一个小小角落。但是，你也该花点儿时间好好欣赏欣赏它。在花园中度过了忙碌的一天后，还有什么比在花园中漫步一番或悠闲地坐在你亲手布置的植物天堂中，更加惬意的事呢？和你的朋友们、家人们一起欣赏这个花园，也是非常美好的体验。

绿色能让我们人类镇静、放松下来，这一点同样非常有趣。在我们被花园中成荫的绿色包围时，我们的神经系统就会自然而然地松弛下来。这就是为什么许多人喜欢在大自然中度过时光的原因：大自然能"让心灵平静下来"。

大量的研究也证明，当我们能看到绿色植物时，人体从疾患、病痛、伤痛中恢复过来的速度，会加快 50%。在对住院病人进行相关研究后，研究人员发现——那些从病房中能够看到室外花园的病人，他们的恢复速度是那些无法看到花园或只能从窗外看到楼房的病人的两倍。有一年寒冬，我的妈妈在医院做结肠手术，我非常担心她，不知她能否尽快恢复。事关妈妈的健康，我可不想冒任何风险，因此我就买了一束兰花，还有一些正在开花的球茎植物，放在病房的窗台上。我想让她能看到更多的美景，希望这些美丽的植物能帮助她尽快痊愈。我想这个方法一定奏效了，因为她在手术后第三天就出院回家了！

研究还表明，哪怕是一些照料植物的简单行为——给植物浇水、除草，等等——也能增加人们的幸福感。如果你照料的是一些室内植物，也能起到同样的功效。我能感觉到，在我悉心照料我的植物、给它们浇完水后，我的感觉好极了——你难道没有这样的感觉吗？

园艺日志本

你当然可以买一本现成的日志本使用，但重点不是这个，对不对？

如果自己动手做日志本，你可以循着自己的喜好进行设计——自行选择本子的大小、纸张的类型等——它是你创作的艺术品。你也可以使用你的花园中的物品，装饰日志本的封面，比如实验室47中的干叶？

* 材料 *

→ 园艺杂志或植物名录、种子名录

→ 泡沫刷

→ 水性密封剂

→ 1个文件夹

→ 15张28厘米×22厘米的方格纸

→ 划针

→ 缝针

→ 丝带

* 开始实验 *

1. 从园艺杂志和植物名录中撕下彩页。用泡沫刷把水性密封剂刷在彩页上，然后把彩页粘贴在文件夹的正面和背面。让它自然晾干一个晚上。（图1）

2. 把一叠方格纸对折，按照方格纸的大小裁剪文件夹，使剪好的文件夹仅比对折后的方格纸稍大一点。（图2）

3. 把对折好的方格纸放在文件夹中，使用划针戳四个小孔，这四个小孔要能穿透所有的方格纸和文件夹。（图3）

4. 从文件夹的外侧，使用缝针把丝带穿进其中一个孔中，然后从下一个孔中穿出丝带，然后把丝带打上一个结。重复这个步骤，在另外两个孔中穿上丝带并打结。（图4）

图 1: 装饰日志本的封面

图 2: 裁剪文件夹，使它比方格纸略大

图 3: 在方格纸和日志本封面上戳小孔

图 4: 用丝带穿过日志本的内页和封面

深入探索

记录你的园艺生涯

→ 你将做出一本非常漂亮、非常有创意的园艺日志本。但这本日志本有着非常重要的使命，就是记载下在你的花园中发生的一切，这样你就不会忘记，你曾经做过些什么，哪些植物长势良好；特别是在北方严寒的气候条件下，在厚厚的积雪之下，你都栽种了哪些植物！

→ 在你的日志中插入一些图片，这些图片也是很有价值的。你可以画一幅速写，也可以照一张照片，它们能提醒你：什么植物正在开花，明年在哪片区域中有可能会出现真空地带，等等。

花园诗社

* 材料 *

→ 园艺日志本

→ 文具

→ 创造力

写诗也许是一种需要后天培养的能力，但其实你完全可以随心所欲、天马行空。诗歌有许多不同的风格，有的严肃、有的沉郁、有的有趣，有的傻气。让你的花园给你带来写诗的灵感，在园艺日志本（实验室42）中创作一两首诗歌吧！

图1：在你的花园中，找到一个能让你灵感涌现的地方

||||||||||||||| * 开始实验 * |||||||||||||||||

1. 在一个花园中，寻找一个舒适自在、让你灵感涌现的地方。我们这个实验主要聚焦于三种类型的诗歌：三行俳句诗、五行诗和离合诗。（图1）

2. 三行俳句诗是一种三行的诗歌，第一行诗句中含有五个音节，第二行诗句中含有7个音节，最后一行诗句中含有5个音节。（图2）

3. 五行诗是一种五行组成的诗歌：第一行诗句只有一个单词，它是整首诗歌的题目。第二行包含两个单词，是对诗歌题目的描述。第三行包含三个单词，表达的是和题目有关的动作行为。第四行包含四个单词，表达的是和诗题有关的情绪感觉。第五行包含一个单词，是对诗题的重新表述。（图3）

4. 在离合诗中，每行诗句的第一个字母拼在一起，能够组成一个单词。你可以用花园中你最喜欢的植物的名称，作为离合诗中的这个关键词语。（图4）

I love my garden!
The plants, the flowers, the trees
Happy and peaceful.

图 2：三行诗遵循 5~7~5 的音节模式

Daisy
Sunny, happy
Swaying, growing, opening
Summer, warm, smiling, bright
Flower

图 3：创作一首五行诗

Lovely spring flowers
In my yard
Lavender, purple, white
Amazing beauty
Colorful blessing

图 4：以你最喜爱的植物为首字母单词，创作一首离合诗

下面是一首优美的诗，也许它能给你带来灵感，或者它能让你心情愉快：

花园的魔法

这是花园的魔法
在阳光明媚的时刻
照料花园的园丁
栽培着他的鲜花

他耐心地栽培花朵
因为他一定知道
只有天赐良时
种子才能发芽

他看着嫩芽展开
看着嫩叶舒展
它们给他带来启发
他的心中装着世界

他在阳光下露出脑袋
他弯曲的脊背是荣光的标志
每一场阵雨都成为了
他的圣餐葡萄酒

最后当他的辛勤劳动
换来了一切美好
这就是对他
最好的报答

——玛丽·内特尔顿·卡罗尔

休憩之所

→ 剪刀

→ 5 厘米 ×56 厘米 ×45 厘米的高密度海绵

→ 3.6 米长的户外布料

→ 专用于布料和皮革的速干胶

→ 4 个树桩

→ 聚氨酯密封胶和油漆刷（可选）

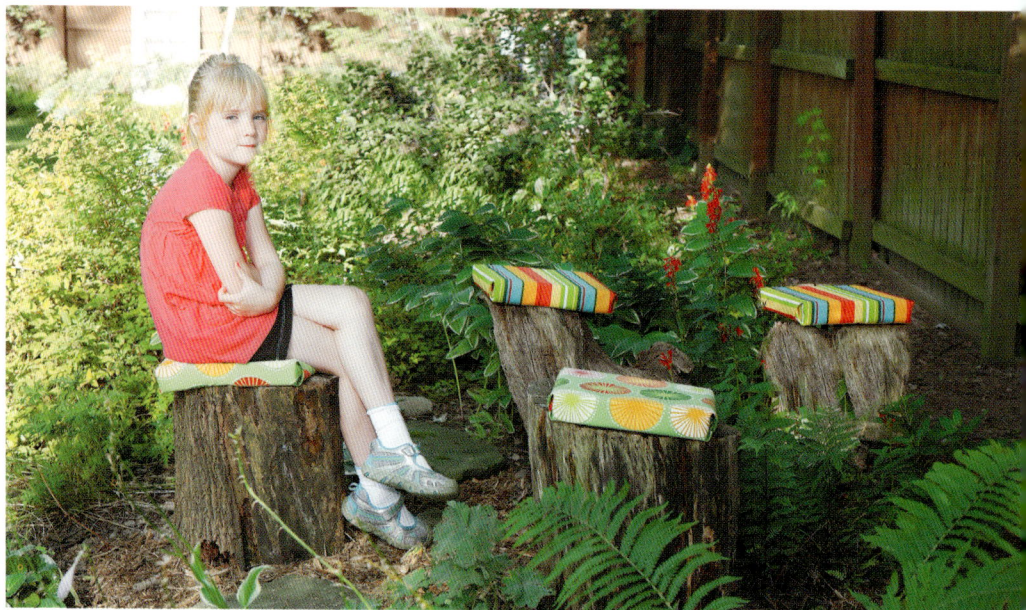

在花园中漫步时，时而停下脚步，嗅嗅玫瑰的芳香，是一件赏心乐事。如果能有个不错的地方可以坐下歇息，你就能更好地欣赏你的花园。这个项目不需要你会缝纫，你只要会包装礼品就行。

* 开始实验 *

1. 把海绵分成四等份，做出 4 块 28 厘米见方的方形海绵。（图 1）

2. 剪下一块布，其大小应足以包住一块海绵。像包装礼物一样包装海绵，剪去多余的布料。（图 2）

3. 使用速干胶把布料周边粘住，根据产品说明，把它晾干。把做好的坐垫放在树桩上，这样你的花园中就有了一个可以坐下歇息的地方。（图 3）

4. 为了保护树桩，可以在树桩上涂上聚氨酯密封胶，并在它们干透后，再放上海绵坐垫。

图1：裁剪海绵

图2：用一块布包住海绵

图3：密封布料边缘

* 深入探索 *

欣赏大自然

→ 当你在花园中找到一个可以坐下的好地方后，你可以闭上眼睛，慢慢地做五次深呼吸。在你吸气时，你可以想象一下，此刻你的肺中充满了纯净的新鲜空气；当你呼气时，可以注意一下自己的心跳。如果你每天花时间做深呼吸，你会发现，这样做能让你保持镇静，并取得持久的疗效。

→ 当你坐在花园中时，你听到了哪些声音？哪些声音来自大自然，哪些声音是人类发出的？

→ 你能嗅出，你的花园现在正在开什么花吗？你离花朵多远时，可以闻到它的芳香？

花园堡垒

* 材料 *

- → 一块 122 厘米 ×244 厘米的乙烯基格栅或木格栅，把它一分为二，这样就有了两个 122 厘米见方的方块

- → 适用于木料或乙烯基的油漆（取决于你选用的是哪种格栅）

- → 3 个木托盘

- → 几种不同颜色的外用漆

- → 4 个带螺丝的角撑

- → 1.25 厘米 ×5.1 厘米 ×129.5 厘米的支撑木板（如有必要）

- → 电钻

- → 锤子

- → 螺丝刀

- → 终饰钉

- → 3 根竹竿，直径 1.25 厘米，长度约为 60 厘米

- → 3 块至少有 60 厘米长、20 厘米宽的布料

- → 锯齿剪刀

- → 专用于布料和皮革的速干胶

- → 伸缩窗帘杆

- → 两块 100 厘米 ×90 厘米的窗帘

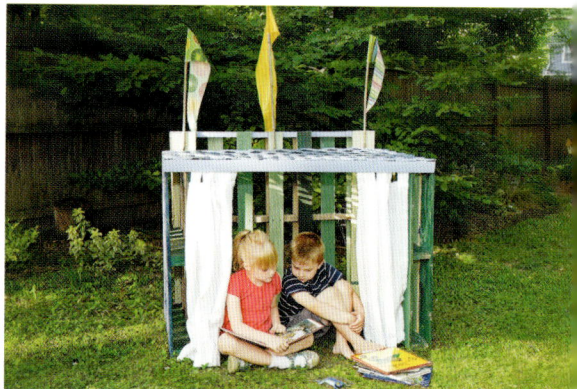

堡垒是个好东西。谁不需要一个偶尔可以藏身的地方呢？首先，采用实验室 26（制作堆肥箱）的方法，把 3 个木托盘组装在一起。在平整的地面上组装它们，并使用 4 个角撑和螺钉进行固定。将木托盘的外层漆成各种色调的蓝色，将它们的内层漆成深浅不一的绿色。如果你使用乙烯基格栅，用螺丝钉将几块木板固定在堡垒的前上方和背面，以支撑格栅，防止乙烯基屋顶下陷。

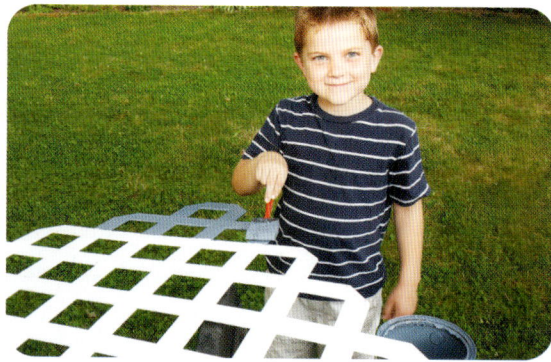

图 1：油漆格栅屋顶，并把它安装在堡垒上

将不同颜色相互间隔，给格栅涂上油漆。格栅将充当堡垒的屋顶，用锤子和终饰钉将格栅固定在木托盘上。（图1）

用锯齿剪刀，从布料上剪下长长的、锥形三角形（堡垒上的旗帜）。你可以根据目测进行剪裁，或在布料背面画出草图，依照草图进行剪裁。旗帜至少要有50厘米长。（图2）

将每面旗帜较宽的一侧卷在竹竿上。用速干胶把旗帜粘贴在竹竿上。在等待它干燥的同时，在离竹竿另一端5厘米左右的地方，钻几个导向孔，用于将竹竿固定到木托盘上。（图3）

使用锤子和终饰钉，将旗杆固定到堡垒的后上方。（图4）

把窗帘穿在窗帘杆上，把窗帘杆安装在堡垒的前方。这样拉上堡垒前方的窗帘后，就能在堡垒中拥有自己的隐私空间。（图5）

图2：裁剪出长长的锥形三角形

图3：做好旗帜，并钻好导向孔

图4：将旗帜固定到堡垒上

图5：安装窗帘杆，并拉上窗帘

→ 装饰你的堡垒！你可以在堡垒中放上实验室44的坐垫，还有实验室35的罐头发光体（里面采用电池提供电源的小灯），然后你可以在实验室46制作的天然香草助眠香包的帮助下，美美地打个小盹，或坐在你的小堡垒中，在实验室42的园艺日志本中写上几句。

助眠香包

→ 你的花园中培植出来的新鲜香草：薰衣草、洋甘菊、蜜蜂花、玫瑰花瓣

→ 麻绳

→ 回形针

→ 5块20厘米见方的布料。

图1: 采割香草

你有时会睡不着吗？这些精心挑选的香草具有让人镇静的疗效，能帮助许许多多的人进入梦乡。在做好香包后，你可以把它放在你的枕头下面，或者，在你感觉压力较大的时候，可以随身带着它。

|||||||||||||||||||||||| * 开始实验 * ||||||||||||||||||||||||

1. 仲夏或者夏末，是收获香草、晾晒香草的最佳时间。你可以在清晨采割香草，然后甩去附着在香草上的水分、尘土或小虫。（图1）

2. 用麻绳把新鲜的香草捆扎成一小束，别上回形针，把它们倒置晾干。把它们放在远离直接日照的地方，在过了大约一周后，你可以查验一下。如果叶片很容易从茎秆上掉落，说明它们已经晾干了，你的香草可以使用了！（图2）

3. 在香草干透后，把香草、布料和麻绳放在工作台上。从每种香草中拿出几片叶子、几瓣花朵，把它们放在布料的中央。（图3）

4. 收拢这块布料的四个边角，用麻绳扎紧。在麻绳上添上一根小小的薰衣草枝条作为装饰。香包做好了，你可以自己使用，也可以把它当作礼物送给别人！（图4）

图 2: 倒置香草，把它晾干

图 3: 在工作台上放好材料

图 4: 扎好香包

深入探索

让你的香包散发持久的香气

→ 当你的香包不像刚制成时那样芳香时，你可以把它放在你的手心中揉一揉，将里面的叶片和花瓣压碎，从而让它们散发出更多的香气。

→ 人们常常从某些植物中提炼芳香精油。这些芳香精油香味浓郁，可用于医疗、清洁或烹饪。制作这些芳香精油的原料，正是本实验中使用的这些香草。这些芳香精油能散发出持久的香味。你可以在天然食品商店中购买这些芳香精油，当你的香包中的香味挥发后，你可以在杳包中洒上几滴芳香精油。

→ 在过去，人们使用香包给房间和他们自己的身体除臭。可以把香包挂在壁橱中或房间中，也可以像挂项链一样，把香包挂在脖子上。

植物标本夹

* 材料 *

→ 植物叶片或花朵

→ 2 块 30 厘米见方的木板。

→ 6~10 块瓦楞纸板，略小于 30 厘米见方

→ 报纸

→ 2 条帆布腰带

很多人喜欢植物，是因为植物的花朵充满魅力。兰花和玫瑰花尤其让人们痴迷。我却对植物的叶子情有独钟。薄荷、玉簪、枫树、吊兰的叶子，会让我停下脚步、驻足欣赏。它们形态各异、色彩缤纷、大小不一，让我目不暇接。它们让我怎么看都看不够。这就是人们制作植物标本的原因。你可以在一年的任何时候采集树叶，将它们压平供人欣赏，或作为礼物送给别人。当然你也能压制干花!

图 1: 采集叶片或花朵

* 开始实验 *

1. 采集用来压制风干的植物叶片或花朵。质地太厚的叶片或花朵不易压平，但其实试试也无妨。（图 1）

2. 在你准备制作植物标本时，把一片纸板放在一片木板上，然后在上面铺上两层报纸。（图 2）

3. 小心地把一片叶子或一朵花放在报纸上，然后再在上面覆盖两层报纸。然后再放上纸板和报纸（一层纸板，两层报纸，一片叶子或一朵花，再覆盖上两层报纸），直到你用完所有纸板。把第二层木板放在最上面。（图 3）

图 2：开始制作你的植物标本夹

图 3：把叶片或花朵夹在报纸和纸板中间

图 4：扎紧帆布腰带

4. 用帆布腰带捆扎所有东西，将它收紧。把你的植物标本夹放在一个干燥的地方。等待叶片和花朵中的水分被吸光，植物标本被压平。这需要好几天的时间。在过了大约一个星期后，解开帆布腰带，然后轻轻地移开干叶或干花上的报纸。现在你可以把干花或干叶，做在礼品袋（参见实验室 51）上，向别人展示了。（图 4）

✳ 深入探索 ✳

制作腊叶标本

→ 你可以把这些压平的干花或干叶做成工艺品，向别人展示，也可以把它们制成腊叶标本：你可以把压平的植物标本放在一张纸上，写下关于这个标本的所有信息，包括花朵或叶片采摘的时间。自然历史博物馆和其他的研究机构的工作人员，会制作并储存腊叶标本，用它们来记录植物的变迁。比如，他们可以查找 100 年前某种植物的标本，从而了解这种植物的原产地和生长地区，并把当时和现在的情况进行比较。它们能向研究人员提供许多信息：气候的变化、植物体发生的病害，等等。

草头娃娃

让这些小精灵帮你看护花园，让它们陪伴在你的左右。这些草头娃娃非常特别，因为它们会长出真正的"头发"！

||||||| * 开始实验 * |||||||

1. 拉伸尼龙袜，把它套在宽口水杯上，这样能更方便地把草籽和土壤倒入尼龙袜中。用一个调羹，将一小勺草籽洒在尼龙袜中。（图1）

2. 将一两把土壤倒在草籽上面，将土壤填到尼龙袜中，直至尼龙袜的脚趾处。把尼龙袜从水杯中取出，在紧挨着土壤的地方，将尼龙袜打结扎紧，固定这些土壤的位置。草头娃娃的脑袋做好了。（图2）

3. 把塑料眼睛粘在草头娃娃的脑袋上，使用毛毡或泡沫材料做出草头娃娃的鼻子、眼睛等五官的造型。让胶水完全干透。使用油彩笔给瓦盆上色。（图3）

图 1：用尼龙袜裹住杯口

图 2：把土壤倒在草籽上，然后扎紧尼龙袜

图 3：给草头娃娃粘上五官

图 4：将草头娃娃的脑袋放在水中

图 5：将尼龙"蜡烛芯"放入纸杯中

4. 在小碗中放上水，把草头娃娃的脑袋浸泡到水中几分钟。这将湿润土壤和草籽，从而促进种子生长发芽。（图 4）

5. 将一个小纸杯放到瓦盆中，并在纸杯中注满清水。把草头娃娃的脑袋翻转过来，将尼龙袜未扎紧的那一端放入纸杯中。未扎住的那一部分尼龙袜会像蜡烛芯一样汲取水分，给草籽提供需要的水分。把草头娃娃放在能够晒到阳光的地方，在一个星期之内，草头娃娃的"头发"就会长出来了。（图 5）

\|\|\|\|\|\| *深入探索* \|\|\|\|\|\|
关于青草

→ 青草根部的重量占整棵青草的 90% 之多。

→ 青草的茎秆几乎是空心的。

→ 青草属于开花植物。

→ 世界各地都有草原生物群落。

插花艺术

* 材料 *

→ 空的意面酱玻璃罐，撕去标签

→ 修枝剪

→ 一捆比较直的小树枝

→ 防水的硅胶黏剂

→ 麻绳

→ 锋利的剪刀

→ 你花园中的鲜花，或者获得允许后，从别人的花园中采摘的鲜花

谁不喜欢种上一些鲜花呢？ 把鲜花送给别人也同样让人愉快——特别是当这些鲜花采自你自己的花园时。在开始做这个实验前，先把意面酱玻璃罐好好清洗干净，撕去罐子上的标签。你有可能需要把罐子浸泡在温热的肥皂水中，才能顺利撕下标签。

* 开始实验 *

1. 用修枝剪把小树枝剪短，令其长度和玻璃罐的高度相同。在玻璃罐外面涂上一滴硅胶，把一根小树枝按压在玻璃罐上。重复这个步骤，在整个玻璃罐的外部粘满小树枝，做成篱笆形状。把它闲置几个小时或一个晚上，让它干透。（图1）

2. 剪下两段50厘米长的麻绳，缠绕在靠近玻璃罐的顶端和底部的地方并打结，这样能进一步固定小树枝。（图2）

3. 在你准备采摘鲜花前，先在玻璃罐中放上半罐干净、微温的清水。注意不要把粘在玻璃罐上的小树枝打湿。如果条件允许，你可以一早起来先去采摘鲜花，这样采来的鲜花，能存放更长时间。呈45度角倾斜地剪下花枝，这样能让花枝的吸水面积增至最大（图3）。把最长的花枝放在玻璃罐中间，较短的花枝环绕在周围。在外围布置一些叶片，把边缘装饰漂亮。看！你创造出了一个美丽动人的艺术品，你可以把它送给某个特别的人，或者送给你自己！

图 1：把小树枝粘在玻璃罐上

图 2：用麻绳缠绕玻璃罐并打结

图 3：以 45 度的斜角剪下花枝

深入探索
鲜花的花语

→ 你知道各种鲜花代表着不同的含义吗？很久以前，在维多利亚时代，人们有时会通过送给别人鲜花的方式，表达自己特别的情感。一束鲜花代表的含义，就像代码一样是可以琢磨出来的！根据各种不同的决定，鲜花可以代表各种含义，下面是几个例子：

雏菊：天真无瑕

红玫瑰：爱

黄玫瑰：友谊

迷迭香：回忆

紫罗兰：谦逊、忠诚、奉献

百日草：思念故友

继续深入探索
持久保存鲜花

→ 你可以做个实验，看看在清水中添加什么，能让切花存放时间最为持久。把几个干净的广口瓶排成一列，在各个瓶子中注入等量的清水，并插上同一种鲜花。然后分别在各个瓶子中放入柠檬汁、糖、漂白剂，等等，看看哪种物质给鲜花保鲜的效果最好。把你的发现记在园艺日志本中（实验室 42）并告诉你的朋友们吧！

园艺磁铁

* 材料 *

→ 各种大大小小的一次性瓶盖

→ 磁铁

→ 防水硅胶

→ 小花朵、小叶片和其他能放到瓶盖中的天然材料

→ 环氧树脂

→ 用来搅拌环氧树脂，用后可以丢弃的罐子或杯子

小提示：只有成年人才能接触环氧树脂，而且只有在通风良好的区域中，才能使用环氧树脂。你需要戴上手套，并用报纸覆盖工作台的表面。我们也建议操作者注意保护好眼睛。选择一个晴朗、温暖的日子，在室外环境下做这个实验，是最为理想的。

从你的花园中搜集各种能放进瓶盖中，或切小后能放进瓶盖中的天然材料。这些东西应该是扁平的，否则它们就会凸出在瓶盖上。

* 开始实验 *

1. 用硅胶将磁铁分别粘贴到每个瓶盖背面，注意遵循硅胶标签上的操作说明和警告。完成后放置在一旁，让硅胶干透。（图1）

2. 在硅胶干透后，试着把不同的叶片、鲜花或其他东西摆放到不同的瓶盖中，决定如何搭配、如何摆放它们。确保在进入下一步之前，这样的布局安排让你满意。（图2）

3. 由一名成年人，遵照环氧树脂的使用说明，缓缓地把环氧树脂倒在每个瓶盖中，确保在这个过程中，瓶盖中的这些小东西没有移动位置。如果它们发生了位移，用牙签重新调整它们

图 1：把磁铁粘在各个瓶盖上

图 2：把花花草草摆放在瓶盖中

图 3：缓缓地注入环氧树脂，使它注满瓶盖

图 4：放置一个晚上，让环氧树脂干透

的位置。将环氧树脂注满整个瓶盖。（图 3）

4. 如果注入环氧树脂后，瓶盖中出现气泡，遵照环氧树脂的操作说明进行处理和调整。在没有灰尘的地方，把做好的园艺磁铁闲置一个晚上，让它干透。（图 4）

＊深入探索＊

制作园艺磁铁的小建议

→ 这又是一个很棒的实验，在这个实验中，你变废为宝，将原本即将扔到垃圾场中的废品，做成了非常酷的艺术品、非常棒的小礼物。你可以使用塑料瓶盖或金属瓶盖。如果你使用的是较小、较轻的瓶盖，你就不需要购买昂贵的重型磁铁了。

→ 不断收集瓶盖，这样你就能在一年四季随时制作园艺磁铁。你可以从你的花园中，采集各种不同的鲜花、种子和浆果。

种子马赛克留言卡

想给特别的人送上一张特别的留言卡吗？这是一个不错的创意。此外，还能让那些没有用处的陈种子发挥余热。

||||||||||| * 开始实验 * |||||||||||

1. 把纸张折叠或裁剪成你所希望的大小。在卡片中写下一条留言。用铅笔在便条卡的外页淡淡地画上一个图案或者图形，至于画得简单一点儿还是复杂一点儿，完全由你决定。（图1）

图1: 设计留言卡，让它富有个性

图2: 画下图形的轮廓，用种子覆盖它

图3: 按顺序粘上工艺胶和种子

2. 循着图案或图形涂上工艺胶。把种子撒在工艺胶上，把工艺胶完全覆盖住。（图2）

3. 重复这一步骤，制作完成整张留言卡。如果你画下了不同的图形，需要使用不同的种子来装饰它们，那就一个部分、一个部分地粘贴胶水和种子。把留言卡闲置一个晚上，让它干透。然后把它送给对方。收到这张留言卡的人，一定会把你当作他最好的朋友。我说的是真的。（图3）

* 深入探索 *

你了解种子吗？

→ 种子植物一共有两种类型：裸子植物和被子植物。裸子植物的种子是裸露在外的，松树、冷杉、云杉和银杏，都属于裸子植物。而被子植物的种子有种皮、种荚，它们的种子包含在果实中。

→ 世界上最大的种子，来自于一棵棕榈树，它重达64千克！

→ 世界上最小的种子，来自于一株热带兰花。它是如此之小，以至于肉眼根本无法看清。

Josie

Isaac

Jeffrey

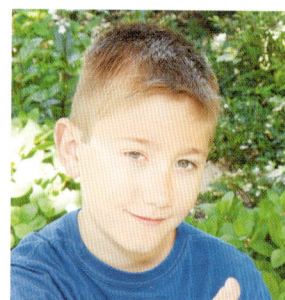
Andy

Alex

Nicholas

Joshua

Anna

Alexander

Jordan

Maddie

Lily

Harper

Eva

Isabel

Annabelle

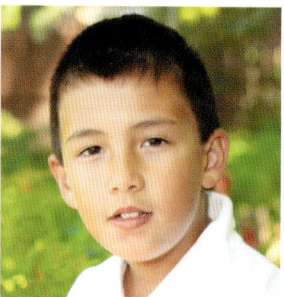
Nate

谢谢你们，所有参与园艺实验室的孩子！

* 作者简介 *

作为主管教育的克利夫兰植物园副园长，勒娜特·福森·布朗负责的事项有：管理每年前往植物园参观的数以万计的学生；负责教师专业发展研讨会的规划和组织；负责管理图书馆、好时儿童公园、城市青年农业项目、绿色兵团项目。她还辅助筹建和组织了一个为期10天的教师研讨会，该研讨会的主题是生物多样性，在哥斯达黎加举行。布朗还参与对植物园的图片进行解说和展示，此外她还担任了克利夫兰科学教师地区委员会的主席。

布朗拥有托莱多大学的生物学学士学位，并在皮奥利亚的布莱德利大学获得了课程与教学专业的文学硕士学位。她已获得7~12年级学生科学科目的教学资格，并从1993年以来一直积极从事非正式的科学教育。

作为托莱多动物园的园长助理，布朗包揽了所有园区内的教育项目，并为托莱多动物园推出的电视节目《今日动物园》进行调研并负责撰稿，该节目曾获得艾美奖。她曾创建并推出第一次地球日庆祝活动，这一项目让她特别引以为傲。她一边继续从事教育事业，一边在皮奥利亚的卢西植物园担任志愿者协调员。

布朗是土生土长的克利夫兰人，2004年，在离开故土15年后，她欣然回到了自己的家乡。2004年12月，她被任命为植物园主管教育的负责人。她经常在三条小狗的陪伴下，在自己的院子中探索园艺。相对一年生植物，她更喜欢本地植物和多年生植物。她尤其钟爱的植物是紫松果菊。

﹡ 致 谢 ﹡

首先，我最想感谢的是我的朋友们和邻居们，感谢你们把你们的宝贝孩子借给我，有了他们才有了这本书。他们中的每一个，都给我带来了无穷的惊喜和快乐。

感谢克利夫兰植物园的工作人员，感谢你们提出的宝贵建议，感谢你们耐心回答我的问题。让我借写作本书的机会，向你们说一声谢谢。谢谢你们，娜塔莉、安、拉里、凯瑟琳和格里——感谢你们给我的支持和建议。

非常感谢俄亥俄州凯霍加县水土保护区的工作人员，感谢你们每年为社区居民提供成百上千个接雨桶，感谢你们对实验室 25 的赞助！

感谢西储草本植物学会的女士们——你们真是太棒了，你们给了我不少灵感，而且你们是那么热情友好。

感谢编辑玛丽·安·霍尔——感谢你特意前来寻访我，并给了我这个绝好的机会。你让我们的合作愉快极了。

最后感谢我的先生戴夫，他为我指出那些工具、设备和小器具的名称，和我讨论许多问题，在我忙着工作时替我遛狗，还拍摄了那么多让人眼前一亮的照片。感谢你对我的耐心和支持。